기사 산업기사 공무원 시험대비 ②

**무료 동영상 강의 공식교재**

# Basic
## 무료 동영상과 함께하는
# 기초 가스
## + 무료 동영상 강의

가스연구회 편

기사 · 산업기사 · 공무원 시험 대비 기초 이론 완벽 대비

- 무료 이론 동영상 강의 제공
- http://cafe.daum.net/gaslicense (인터넷 가스 무료 교육 방송)
- 우수회원 인증 후 6개월 무료 동영상 강의 제공

질의 · 응답 카페 운영 cafe.daum.net/gaslicense(인터넷 가스 무료 교육 방송)
본서로 공부하면서 의문점이나 이해가 되지 않는 부분에 관하여 사이트로 문의하시면 저자분이 직접 정성껏 답하여 드리겠습니다.

SE·IN Books
세진북스
www.sejinbooks.kr

# 머리말

## 자격증 취득을 위한 확실한 길잡이

**현**재 자격증 시험을 준비하는 수험자들 중 대부분의 사람들은 재시험을 봐야 하는 실패를 경험한다. 어떤 일이든 열정만 가지고 되는 것은 아니다. 철저한 준비가 필요한 것이다. 시작하면 바로 자격증을 취득할 거라 생각하고 쉽게 시작하는 경우가 많은데 대부분 불합격이라는 결과에 실망을 한다.

그래서 20년 넘게 자격증 강의를 하면서 수험생의 실패 원인을 분석한 결과 기초가 약한 부분이 많다는 것을 느껴서 이 책을 준비하게 되었다.

모든 자격증 시험 과목 중에 수험생들이 가장 어려워하는 과목들이 있다. 그 과목 중심으로 동영상 강의를 무료로 제공하여 기초 부분을 튼튼히 하려는 목적이 이 교재의 가장 큰 특징이다. 여기에 수록된 동영상 강의를 반복적으로 시청한다면 기초적인 이론에 대한 지식이 자연스럽게 올라올 것이다.

### ★ 이 책의 장점 ★

1. 오랜 실무 경험과 학원 강의 경력을 기본으로 하여 집필하였다.
2. 모든 과목에 대한 기초 핵심 요약 정리를 통하여 학습시간을 단축하였다.
3. 전 과목 고화질 동영상을 제공하였다.

그리고 이 책의 가장 큰 특징은 학원이나 동영상 사이트에 가지 않고도 저렴하게 집에서 공부할 수 있으며 비전공자나 공부한지 오래된 분, 나이가 많으신 분들에게 많은 도움이 될 것이다.

자격증 공부에 어려움을 겪고 있는 모든 수험생 분들에게 이 교재가 많은 도움이 되었으면 좋겠고 준비하는 자격증 시험에 모두 합격하기를 기원한다.

끝으로 동영상이 출간되기까지 애써 주신 세진북스 편집부 직원 및 홍세진 사장님께 감사드린다.

저자 드림

# 차 례

## 제 1 편 가스의 기초

### 제01장 용어와 단위

1.1 고압가스의 적용범위      9
1.2 성질에 의한 분류      9
1.3 용어의 정의      9
1.4 기본 단위      10
1.5 기초 공식 및 법칙      13

### 제02장 주요 가스의 특성

2.1 아세틸렌($C_2H_2$)      17
2.2 수소($H_2$)      18
2.3 산소($O_2$)      19
2.4 질소($N_2$)      20
2.5 희가스      21
2.6 염소($Cl_2$)      22
2.7 암모니아($NH_3$)      23
2.8 이산화탄소($CO_2$)      24
2.9 일산화탄소($CO$)      24
2.10 메탄($CH_4$)      25
2.11 액화석유가스      26
2.12 시안화수소($HCN$)      28
2.13 산화에틸렌($C_2H_4O$)      28
2.14 프레온      29
2.15 아황산가스($SO_2$ : 이산화황)      29
2.16 황화수소($H_2S$)      29

## 제 2 편 가스 안전 관리

### 제01장 고압가스
33

### 제02장 액화석유가스
44

### 제03장 도시가스
50

## 제 3 편 가스설비

### 제01장 고압장치의 종류

1.1 압축기      57
1.2 펌프(pump)      73

### 제02장 고압장치의 요소

2.1 고압가스 용기      84
2.2 용기용 밸브      85
2.3 용기의 내용적 계산      86

| | | | |
|---|---|---|---|
| 2.4 용기의 두께 계산(용접용기) | 87 | **제05장 저온장치** | |
| 2.5 용기의 각종시험 | 88 | 5.1 공기액화 분리장치 | 103 |
| 2.6 용기의 검사와 표시방법 | 89 | 5.2 도면 해설 | 106 |
| | | 5.3 냉동사이클 | 107 |

## 제03장 고압가스 저장탱크

- 3.1 구성요소     92
- 3.2 구형 저장탱크     93
- 3.3 저장설비의 계산     95

## 제06장 가스설비

- 6.1 LPG 소비설비     109
- 6.2 LPG 배관설비 및 계산식     115
- 6.3 LPG 제조 및 부대설비     116
- 6.4 도시가스 공급방식     118
- 6.5 도시가스 공급설비     120

## 제04장 안전밸브와 고압장치 재료

- 4.1 안전밸브의 종류와 특징     96
- 4.2 안전밸브의 조건 및 구경     97
- 4.3 고압장치 재료     98

# 제 4 편 연소공학

## 제01장 연소와 연료

- 1.1 연 소     135
- 1.2 연 료     137

## 제02장 연소와 연료폭발과 폭굉

- 2.1 폭발과 폭굉     140
- 2.2 폭발등급과 폭발범위     141
- 2.3 연소성에 따른 가스의 분류     143
- 2.4 고압가스의 사고 분류     144
- 2.5 고압가스 용기의 파열사고     144
- 2.6 가스 분출과 분진사고     145
- 2.7 가스 중량에 대한 주의사항     146
- 2.8 고압가스 용기와 밸브의 안전관리     146

## 제03장 연소 계산과 고압가스의 특성

- 3.1 연소 계산     149
- 3.2 중요한 고압가스의 기본특성     152

## 제04장 연소공학 핵심정리

- 4.1 고위발열량과 저위발열량     156
- 4.2 산소량     156
- 4.3 공기량     157
- 4.4 연소생성수증기량     157
- 4.5 공기비     157
- 4.6 연소가스량     158
- 4.7 탄산가스최대량     158
- 4.8 착화온도     158
- 4.9 연료의 시험방법     159
- 4.10 연료의 특징     160
- 4.11 연소의 형태     161
- 4.12 연료의 특성     162
- 4.13 단위 해설     163
- 4.14 냉동사이클     165
- 4.15 전 열     167
- 4.16 안전관리체계     168
- 4.17 소화설비     170
- 4.18 안전을 위한 설비     171

# 제 5 편  계측기기

## 제01장  계측과 단위
- 1.1 계측의 목적 ............ 177
- 1.2 계측기의 구비조건 ...... 177
- 1.3 계측단위 .............. 177
- 1.4 기 타 ................. 178
- 1.5 힘(force) ............. 180
- 1.6 압 력 ................. 180
- 1.7 연속방정식 ............ 181

## 제02장  측정기기
- 2.1 온도계 ................ 182
- 2.2 압력계 ................ 184
- 2.3 힘(force) ............. 186

## 제03장  유량계와 가스분석계
- 3.1 유량계 ................ 189
- 3.2 가스분석계 ............ 193

## 제04장  자동제어와 가스미터
- 4.1 자동제어 .............. 195
- 4.2 불연속 동작 ........... 197
- 4.3 연속동작 .............. 197
- 4.4 가스미터 .............. 198
- 4.5 gas chromatography(G.C) ... 201

## 제05장  계측기기 핵심정리
- 5.1 온도계 ................ 204
- 5.2 압력계 ................ 205
- 5.3 액면계 ................ 206
- 5.4 유량계 ................ 206
- 5.5 가스분석계 ............ 207

# 제 6 편  유체역학

## 제01장  유체의 정의와 단위
- 1.1 기본개념와 정의 ........ 211

## 제02장  기본 공식 및 각종 법칙
- ........................ 221

# PART 01

## 가스의 기초

❶ 용어와 단위
❷ 주요 가스의 특성

# 01 가스의 기초

## 1 용어와 단위

### 1.1 고압가스의 적용범위

① 상용의 온도, 35℃에서 1 MPa (10 kg/cm2) 이상인 압축가스
② 상용의 온도, 35℃ 이하에서 0.2 MPa (2 kg/cm2) 이상인 액화가스
③ 35℃에서 0 Pa (0 kg/cm2)을 초과하는 액화 시안화수소, 액화브롬화메탄 및 액화산화에틸렌가스
④ 15℃에서 0 Pa을 초과하는 아세틸렌가스

### 1.2 성질에 의한 분류

① 가연성 가스 : 폭발범위 하한이 10 % 이하이거나 상한과 하한의 차가 20 % 이상인 가스
② 독성 가스 : 허용 농도가 200 ppm 이하인 가스 (1 ppm = $\frac{1}{10^6}$)
③ 불연성 가스 : 산화작용을 일으키지 않는 것 ($CO_2$, $N_2$, Ar 등)
④ 불활성 가스 : 반응을 하지 않는 가스 (Ar, He, Ne, Xe, Kr 등)
⑤ 지연성 가스 : 연소를 도와주는 가스 ($O_2$, $O_3$, air 등)

### 1.3 용어의 정의

① 액화석유가스 (LPG) : 주성분은 $C_3H_8$ (프로판)과 $C_4H_{10}$ (부탄)이며, 탄소수가 3~4개인 탄화수소를 말한다.
② 액화천연가스 (LNG) : 주성분은 $CH_4$ (메탄)이며, 도시가스에 주로 쓰인다.

③ 저장탱크 : 가스를 충전·저장하는 것으로 지상이나 지하에 고정 설치된 것
④ 용기 : 가스를 충전·저장하는 것으로 이동 운반 가능한 것
⑤ 가스용품 : 가스를 사용하기 위한 것으로 밸브, 압력 조정기, 호스, 호스 밴드, 콕, 연소기, 다기능 계량기, 연료전지 등
⑥ 특정 설비 : 저장 탱크 및 자동차용 주입기, 안전밸브, 역류 방지 밸브, 긴급 차단장치, 역화 방지 밸브, 기화 장치 등을 말한다.
⑦ 폭발범위 : 가연성 가스가 공기 또는 산소와 혼합되었을 때 폭발할 수 있는 가연성 가스의 부피
⑧ 허용 농도 : 건강한 성인남자가 1일 8시간 근무해도 인체에 해를 끼치지 않는 농도
⑨ 임계압력 : 가스를 압력에 의해 액화시킬 때 가해야 할 최소의 압력
⑩ 임계온도 : 가스를 압력에 의해 액화시킬 수 있는 최고의 온도

## 1.4 기본 단위

### (1) 온도 (차고 따뜻한 정도)

① 섭씨온도 (℃) : 표준 대기압하에서 물의 빙점 0℃, 비점을 100℃로 하여 그 사이를 100등분한 것
② 화씨온도 (°F) : 표준 대기압하에서 물의 빙점 32°F, 비점을 212°F로 하여 그 사이를 180등분한 것
③ 절대온도 : 이상기체의 분자 운동이 완전 정지된 온도를 0으로 정하고 그 이상을 나타낸 온도 (0 K = -273℃, 0°R = -460°F)

**✿ 관계식**

$$°F = \frac{9}{5}℃ + 32 \quad ℃ = \frac{5}{9}(°F - 32)$$
$$K = ℃ + 273$$
$$°R = K \times 1.8 \quad °R = °F + 460$$

## (2) 압력 (단위면적당 작용하는 힘)

① 게이지 압력 : 압력계가 지시하는 압력. 표준 대기압을 0으로 정하고 그 이상을 나타낸다.

　　단위 : kg/cm2 · g, lb/in2 · g (psig), 0 Pa

② 절대압력 : 완전 진공일 때를 0으로 정한 압력

　　단위 : kg/cm2a, lb/in2a (psia)

③ 표준 대기압 : 대기권에서 지구의 평균 표면까지 공기가 누르는 힘 수은주 760 mmHg이며, 1.033 kg/cm2 · a가 된다.

　　단위 : 14.7 lb/in2 · a, 1 atm, 30 inHg, 101325 Pa

④ 진공압력 : 대기압보다 낮은 압력. 수은주로 표기한다.

**✿ 관계식**
절대압력 = 게이지 압력 + 대기압
게이지 압력 = 절대압력 − 대기압
$1 kg/cm^2 = 14.2 lb/in^2$

## (3) 열 량

① 1 kcal : 표준 대기압하에서 물 1 kg을 1℃ 변화시키는 열량
② 1 BTU : 표준 대기압하에서 물 1 lb를 1℉ 변화시키는 열량
③ 1 CHU : 표준 대기압하에서 물 1 lb를 1℃ 변화시키는 열량
④ 비열 : 어떤 물질 1kg을 1℃ 변화시킬 수 있는 열량

　　단위 : kcal/kg · ℃, 1 cal = 4.2 J, 1 J = 1 N · m

　㉮ 정압비열 : 기체의 압력을 일정하게 하고 측정한 비열 ($C_p$)
　㉯ 정적비열 : 기체의 체적을 일정하게 하고 측정한 비열 ($C_v$)

**✿ 비열비**
$K = C_p/C_v$ ($C_p$는 $C_v$보다 크다.)

⑤ 열량식

감열 : $Q = W \cdot C \cdot \Delta T$

여기서, $Q$ : 열량 [kcal], $W$ : 질량 [kg], $C$ : 비열상수 [kcal/kg · ℃]
$\Delta T$ : 온도차 (7℃), $\gamma$ : 잠열 [kcal/kg]

잠열 : $Q = W \cdot \gamma$

㉮ 감열 : 상태는 변하지 않고 온도 변화에 필요한 열
㉯ 잠열 : 온도는 변하지 않고 상태 변화에 필요한 열

> ✿ 열역학
> - 제 1 법칙 : 에너지 불변의 법칙이며, 열과 일 사이에는 일정한 관계가 있다.
>   즉, 1 kcal = 427 kg · m
> - 제 2 법칙 : 열은 고온에서 저온으로 흐른다.
>   일은 열로 바꾸기 쉬우나 열을 일로 바꾸기 위해서는 장치가 필요하다.
> 
> ✿ 관계식
> $Q = A \cdot W$   $Q$ : 열량 [kcal]
> $W = J \cdot Q$   $W$ : 일량 [kg · m]
>           $A$ : 일의 열당량 1/427 [kcal/kg · m]
>           $J$ : 열의 일당량 427 [kg · m/kcal]

⑥ 엔탈피 : 단위중량당 열에너지

$I = U + APV$

여기서, $I$ : 엔탈피 [kcal/kg], $U$ : 내부 에너지 [kcal/kg]
$A$ : 일의 열당량 [kcal/kg · m], $P$ : 압력 [kg/m$^2$], $V$ : 비체적 [m$^3$/kg]

⑦ 엔트로피 : 일정 온도하에 얻은 열량을 절대온도로 나눈 값. 단위는 kcal/kg · K이다.

## (4) 가스 밀도 (단위체적당 질량)

STP에서 가스 밀도 = $\dfrac{분자량}{22.4}$

(표준상태)

단위는 g/L, kg/m$^3$

* 액밀도는 물이 기준이다.

### (5) 가스 비중

STP에서 공기의 질량을 1로 하고 동일 체적의 가스 질량과의 비

가스 비중 = $\dfrac{\text{가스 분자량}}{29}$ (단위는 없다)

### (6) 가스 비체적 (단위질량당 체적)

표준상태에서 비체적 = $\dfrac{22.4}{\text{분자량}}$

단위는 L/g, m³/kg

* 밀도와의 역수이다.

## 1.5 기초 공식 및 법칙

### (1) 아보가드로의 법칙

STP 하에서 모든 기체 1몰 (mol)의 부피는 22.4L이다.

$$PV = nRT \text{(이상기체 상태 방정식)}$$

- 기체상수 $R = \dfrac{PV}{nT} = \dfrac{1\,\text{atm} \times 22.4\,\text{L}}{1\,\text{mol} \times 273\text{K}} = 0.082\,\text{L} \cdot \text{atm/mol} \cdot \text{K}$

여기서 $n$은 몰 수이므로 $n = \dfrac{W}{M}$ ($W$: 질량)

* $PV = \dfrac{WRT}{M} \rightarrow PVM = WRT$ ($M$: 분자량)

그러므로, $M = WRT/PV = dRT/P$

밀도 $d = MP/RT = g/L$

그러므로 $d = MP/RT$

### (2) 보일의 법칙

일정 온도하에서 기체의 체적은 절대압력에 반비례한다.

$T$ 일정시 $P'V' = PV$

여기서, $P$, $V$ : 최초의 압력, 체적
$P'$, $V'$ : 변화 후의 압력, 체적

* 이때 $P$는 반드시 절대압력이어야 한다.

$$V' = \frac{PV}{P'}$$

### (3) 샤를의 법칙

정압하에서 기체의 부피는 절대온도에 비례한다.

$P$ 일정시 $V/T = V'/T'$

   여기서, $T$, $V$ : 최초의 온도, 체적
            $T'$, $V'$ : 변화 후의 온도, 체적

* 이때 $T$는 절대온도 K이다.

$$V' = \frac{T'V}{T}$$

### (4) 보일 · 샤를의 법칙

기체의 체적은 압력에 반비례하고 온도에 비례한다.

$$PV/T = P'V'/T'$$

   여기서, $P$, $V$, $T$ : 최초의 압력, 체적, 온도
            $P'$, $V'$, $T'$ : 변화 후의 압력, 체적, 온도

* $V' = \dfrac{PVT'}{TP'}$

### (5) 실제기체 상태식 (반데르발스 식)

$$(P + a/V^2)(V - b) = RT$$

   여기서, $a$ : 기체 분자간 인력. 반데르발스 정수 [$L^2 \cdot atm/mol^2$]
          $b$ : 기체 자신이 차지하는 부피 [L/mol]

$$P = \frac{nRT}{V - nb} - \frac{n^2 a}{V^2}$$

* $a$와 $b$값은 실전 문제에서 주어짐.

### (6) 기체의 압축계수

등온 등압하에서 이상기체 체적과 실제기체 체적과의 비
(실제기체는 저온에서 압력이 증가하면 작아진다.)

- 실제기체 = 이상기체 × 압축계수

$$PV = ZnRT$$
$$Z = \frac{PV}{nRT}$$

여기서, $Z$ : 압축계수

### (7) 가스정수

$$PV = GRT$$

여기서, $R$ : 가스정수. 848/분자량, $G$ : 가스질량 [kg]

$$R = \frac{1033 \text{ kg/cm}^2 \cdot a \times 10^4 \times 22.4 \text{ m}^3}{1 \text{ kmol} \times 273\text{K}} = 848 \text{ kg} \cdot \text{m/kmol} \cdot \text{K}$$

### (8) 팽창계수

정압하에서 물체 팽창의 비율은 온도에 비례한다.

- 팽창계수 $a = \dfrac{\Delta V}{Vt}$

여기서, $\Delta V$ : 늘어난 부피, $V$ : 최초 부피, $t$ : 상승된 온도 [℃], $a$ : 팽창계수 1/℃

### (9) 압축률

압력이 증가하면 액체의 체적은 감소된다.

- $V/V = BP$

$$B = \frac{\Delta V}{VP}$$

여기서, $V$ : 최초 부피, $\Delta V$ : 압축시 줄어든 부피, $P$ : 증가된 압력 [atm], $B$ : 압축률 1/atm

따라서 일정 공간 하에서

$a/B =$ atm/℃  즉, 1℃ 상승시 상승된 압력이 계산된다.

### (10) 기체의 용해도 (헨리의 법칙)

정온하에서 액체에 용해되는 기체의 무게는 압력에 비례한다.

$$P = HX$$

여기서, $P$ : 기체의 분압 [atm], $H$ : 전압, $X$ : 액체 중에 용해된 몰분율

### (11) 돌턴의 분압 법칙

혼합기체가 나타내는 전압은 각 기체의 분압의 합과 같다.

$$P = P_1 + P_2 + P_3$$

여기서, $P$ : 혼합기체의 전압, $P_1 + P_2 + P_3$ : 각 단독 성분의 분압

$$몰분율 = \frac{N_1}{N_1 + N_2 + N_3} \qquad 몰\% = V\% = P\%$$

### (12) 증기압

용기에 액체 충전시 액의 증발이 정지되었을 때의 증기의 압력
($C_3H_8$  20℃  8.6 kg/cm · a)

### (13) 그레이엄의 확산 속도

기체의 확산 속도는 분자량의 제곱근에 반비례한다.

$$\frac{V_B}{V_A} = \sqrt{\frac{M_A}{M_B}}$$

여기서, $V_A$ : A 기체의 확산 속도, $V_B$ : B 기체의 확산 속도
$M_A$ : A 기체의 분자량, $M_B$ : B 기체의 분자량

## 2 주요 가스의 특성

### 2.1 아세틸렌 ($C_2H_2$)

### (1) 성 질

① 무색 기체로서 순수한 것은 에테르와 같은 향기가 있으나 불순물 ($H_2S$, $PH_3$, $NH_3$, $SiH_4$ 등)로 인하여 악취가 난다.
② 융점과 비점이 비슷하여 고체 아세틸렌은 융해하지 않고 승화한다.
③ 액체 아세틸렌보다 고체 아세틸렌이 안전하다.
④ 물에는 15℃에서 1.5배, 아세톤에서는 25℃에서 25배 용해한다.
⑤ 산소와 연소시키면 3000℃ 이상의 고열을 얻을 수 있다.

$$C_2H_2 + 2\frac{1}{2} \cdot O_2 \longrightarrow 2CO_2 + H_2O \text{ (폭발범위 } 2.5 \sim 81\%)$$

⑥ 흡열 화합물이므로 압축하면 폭발을 일으킬 우려가 있다 (분해 폭발).

$$C_2H_2 \longrightarrow 2C + H_2 + 24.1 \text{ kcal}$$

⑦ 아세틸렌을 500℃ 정도로 가열된 철관을 통과시키면 3분자가 중합하여 벤젠으로 된다.

$$3C_2H_2 \xrightarrow{\text{니켈}} C_6H_6$$
(아세틸렌)　　(벤젠)

⑧ 염화제1구리의 암모니아 용액에 아세틸렌을 통하면 황색의 구리아세틸라이드 ($Cu_2C_2$) 가 침전한다 (동 또는 62% 이상 동합금은 사용 금지).
⑨ 암모니아성 질산은용액에 아세틸렌을 통하면 백색 침전하며 은아세틸라이드 ($Ag_2C_2$) 를 얻는다.
⑩ 황산수은을 촉매로 하여 수화하면 아세트알데히드가 된다.

$$C_2H_2 + H_2O \xrightarrow{\text{황색수은}} CH_3CHO$$
(아세틸렌)　(물)　　　　　　(아세트알데히드)

⑪ 염화철 등의 촉매를 사용하여 액상으로 반응을 억제하면서 아세틸렌과 염소를 반응시 키면 사염화에탄을 얻는다.

$$C_2H_2 + 2Cl_2 \xrightarrow{\text{염화철}} CHCl_2CHCl_2$$
(아세틸렌)(염소)　　　　(사염화에탄)

## 제1편 가스의 기초

### (2) 제조법

① 칼슘카바이드에 물을 작용시켜 제조한다.

$$CaC_2 + 2\,H_2O \longrightarrow Ca(OH)_2 + C_2H_2$$

② 탄화수소에서의 제조 메탄 또는 나프타를 열분해함으로써 얻어진다.

### (3) 용 도

① 산소 아세틸렌 불꽃으로 금속의 절단, 용접에 사용된다.

② 화학 공업용 원료로 이용된다.

요점정리

1. 충전 중의 압력은 25 kg/cm² 이하로 할 것[2.5MPa]
2. 충전 후의 압력은 15℃에서 15.5 kg/cm² 이하로 할 것[1.5MPa]
3. 충전 후 24시간 정치할 것
4. 분해 폭발을 방지하기 위해 $CH_4$, $CO$, $C_2H_4$, $N_2$, $H_2$, $C_3H_8$ 등의 안정제를 첨가할 것

## 2.2 수소 ($H_2$)

### (1) 성 질

① 상온에서 무색, 무미, 무취의 기체이며, 모든 가스 중에서 가장 가볍다.

② 폭발범위 : 4∼75 %

③ 수소폭명기 : 산소와 혼합하여 점화하면 격렬히 폭발하며 물을 생성한다.

수소와 산소가 2 : 1로 혼합된 가스를 수소 폭명기라 한다.

$2\,H_2 + O_2 \rightarrow 2\,H_2O + 136.6\,\text{kcal}$

④ 염소폭명기 : 상온에서 염소와 촉매에 의해 격렬히 반응한다.

$H_2 + Cl_2 \rightarrow 2\,HCl + 44\,\text{kcal}$

$H_2 + F_2 \rightarrow 2\,HF$

[참고] 이 식은 실험에 의해 만들어진 것이면 kg 또는 g의 의미가 없다.

⑤ 수소는 고온 고압에서 탈탄 작용을 일으켜 수소취성을 일으킨다.

$Fe_3C + 2\,H_2 \rightarrow CH_4 + 3\,Fe$

### (2) 제조법

① 물의 전기분해법 : 농도 20 % 정도의 수산화나트륨 (NaOH) 용액을 전해액으로 하여 물을 전기분해시키면 음극에서 수소가 생성된다.

$2\,NaOH + 2\,H_2O \rightarrow 2\,NaOH + Cl_2 + H_2$

② 수성가스법 : 1400℃ 정도로 적열된 코크스에 수증기를 통과시킨다.

$C + H_2O \rightarrow CO + H_2 - 31.4\,kcal$

③ 천연가스 분해법
④ 석유 분해법
⑤ 일산화탄소 전화법 : $CO + H2O \rightarrow H2 + CO2$

### (3) 용도

① 암모니아 제조, 메탄올 제조, 경화유 제조
② 나프타, 등유, 중유의 수소화 탈황, 윤활유의 정제
③ 환원성을 이용한 금속 제련 (텅스텐, 몰리브덴)
④ 산소, 수소 불꽃을 이용한 인조 보석 및 석영유리 제조·가공

## 2.3 산소 ($O_2$)

### (1) 성 질

① 상온에서 무색, 무미, 무취의 기체이며, 공기 속에 21 % 함유되어 생물의 생존과 연료의 연소에 필요하다.
② 스스로 연소하지 않으나 가연물질의 연소를 돕는 지연성 (조연성) 가스이다.
  ㉮ 산소 농도가 높아짐에 따라 연소속도의 증가, 발화 온도의 저하, 화염 온도의 상승, 화염 길이의 증가를 가져온다.
  ㉯ 폭발 한계 및 폭굉 한계도 공기에 비해 산소 중에서 현저하게 넓고, 물질의 점화 에너지도 저하하여 폭발 위험성이 증대된다.
  ㉰ 산소 용기나 그 기구류에는 기름, 그리스가 묻지 않도록 해야 하며, 묻어 있을 때는 사염화탄소로 세척한다.
    ▶ 유지류, 용제 등이 혼입하면 폭발 위험이 있다.

③ 산소 부족 현상은 18 % 이하에서 일어나므로 그 이상 유지해야 한다.
④ 금속은 산소와 작용하여 산화물을 만든다. 내산화성이 강한 재료에는 30 % 크롬강이 적당하다.

### (2) 제조법

① 물의 전기분해법 : 양극에서 산소가 생성된다 (수소 제조법 참조).
② 공기의 액화 분리
  ㉮ 액체 공기의 비점은 $-194\,^\circ\mathrm{C}$, 질소는 $-195.8\,^\circ\mathrm{C}$, 산소는 $-183\,^\circ\mathrm{C}$이므로, 비점이 낮은 질소를 먼저 쫓아낸 후 산소를 얻는 것이 공기의 액화 분리 방법이다.
  ㉯ 제조 공정은 일반적으로 다음과 같다.
   먼지 여과 → $CO_2$ 흡수 → 공기 압축 → 건조 → 냉각 액화 → 정류

### (3) 용 도

산소 용접 및 절단, 제철, 산소 호흡용기 등에 사용된다.

## 2.4 질소 ($N_2$)

### (1) 성 질

① 공기의 주성분으로서 78.1 %를 차지하며, 상온에서 무색, 무미, 무취의 기체이다.
② 상온에서 대단히 안정된 불연성 가스이다.
③ 고온 고압 ($550\,^\circ\mathrm{C}$, 250 atm) 하에서 수소와 작용하여 암모니아를 생성한다.
  $$N_2 + 3\,H_2 \rightarrow 2\,NH_3$$
④ 전기 불꽃 등으로 극히 높은 온도에서는 산소와 화합하여 산화질소를 만든다.
  $$N_2 + O_2 \rightarrow 2\,NO$$

### (2) 제조법

액체 공기 분리법 (산소 제조법 참고)

### (3) 용 도

① 암모니아 합성에 대부분 사용된다.
② 가연성 가스 장치의 치환용 가스로 쓰인다.

③ 극저온 냉동기의 냉매로 쓰인다.

공기의 조성

| 성 분 | 부피 (%) | 무게 (%) | 성 분 | 부피 (%) | 무게 (%) |
|---|---|---|---|---|---|
| 질 소 | 78.03 | 75.47 | 이산화탄소 | 0.03 | 0.046 |
| 산 소 | 20.99 | 23.20 | 수소 | 0.01 | 0.001 |
| 아르곤 | 0.933 | 1.28 | | | |

## 2.5 희가스

### (1) 성 질

① 주기율표의 0족에 속하며, 다른 원소와는 거의 화합하지 않는 불활성 기체이다.
② 상온에서 무색, 무미, 무취이다.
③ 희가스를 방전관 속에서 방전시키면 특유의 빛을 발한다.
 (He : 황백색, Ne : 주황색, Ar : 적색, Kr : 녹자색, Xe : 청자색, Rn : 청록색)

희가스의 종류 및 성질

| 원소명 | 기호 | 분자량 | 공기중 존재 비율 (부피 %) | 융점(℃) | 비점 (℃) | 임계온도 (℃) | 임계압력 (atm) |
|---|---|---|---|---|---|---|---|
| 아르곤 | Ar | 39.94 | 0.93 | −189.2 | −185.87 | −122.0 | 40 |
| 네 온 | Ne | 20.18 | 0.0015 | −248.67 | −245.9 | −228.3 | 26.9 |
| 헬 륨 | He | 4.033 | 0.0005 | −272.2 | −268.9 | −267.9 | 2.26 |
| 크립톤 | Kr | 83.7 | 0.00011 | −157.2 | −152.9 | −63 | 54.3 |
| 크세논 | Xe | 131.3 | 0.000009 | −111.8 | −108.1 | 16.6 | 58.2 |
| 라 돈 | Rn | 222 | − | −71 | −62 | 104.0 | 66 |

### (2) 제조법

① 아르곤 : 공기 액화 분리
② 네온 : 액체 공기에서 얻은 불순한 아르곤을 다시 정류하여 얻는다.

### (3) 용 도

① 네온 가스로 사용된다.
② 전구용 봉입 가스 (아르곤), 형광등의 방전관용 가스로 사용된다.
③ 열처리 용접에서 공기와의 접촉을 방지하는 보호 가스로 쓰인다.
④ 헬륨은 가스 크로마토그래피 분석용 캐리어 가스로 쓰인다.

## 2.6 염소 ($Cl_2$)

### (1) 성 질

① 상온에서 강한 자극성 냄새가 나는 황록색의 기체로, $-34℃$ 이하로 냉각시키거나 $6 \sim 8$ 기압의 압력을 가하면 액화하여 갈색의 액체가 된다.
② 극히 유독하다 (허용 농도 1 ppm).
③ 수분이 포함된 염소가스는 철 등의 금속을 부식시킨다.
④ 수소와 염소가 1 : 1로 혼합된 기체를 염소 폭명기라고 하며, 직사광선, 점화 등의 변화를 주면 격렬히 폭발한다.

$$H_2 + Cl_2 \rightarrow 2 HCl$$

### (2) 제조법

① 수은법에 의한 소금의 전기분해
② 격막법에 의한 소금의 전기분해
③ 염산의 전기분해

### (3) 용 도

① 상수도의 살균, 염화비닐의 원료, 표백분 제조, 펄프 제조 등에 사용된다.
② 금속 티탄, 알루미늄 공업에 이용된다.

## 2.7 암모니아 (NH₃)

### (1) 성 질

① 상온 상압에서 강한 자극성이 있고 무색의 기체로서 물에 잘 녹는다 (상온 상압에서 물의 약 800배, 0℃ 1기압에서 물의 약 1146배 정도 녹는다).
② 공기와 혼합하면 폭발하는 경우가 있다 (폭발범위 15~28 %).
③ 유독하다 (허용 농도 25 ppm).
④ 증발 잠열이 크므로 냉매로 이용된다 (기화열 : 301.8 cal/g).
⑤ 동이나 동합금을 부식시킨다 (철 및 철 합금 사용).
⑥ 금속 이온 (Zn, Cu, Ag 등)과 반응하면 착이온을 생성한다.

### (2) 제조법

① 합성법 (하버법) : 반응 압력에 따라 세 가지로 나눈다.
$3\,H_2 + N_2 \rightleftarrows 2\,NH_3 + 23\,kcal$
㉮ 고압법 : 600~1000 kg/cm² 이며 클로드법, 카자레법이 있다.
㉯ 중압법 : 300 kg/cm² 전후이며, IG법, 뉴 파우더법, 뉴우데법, 케미크법, JCI법이 있다.
㉰ 저압법 : 150 kg/cm² 전후이며 구데법, 켈로그법이 있다.
② 석화질소법이 있으나 거의 사용되지 않는다.

### (3) 용 도

① 질소 비료 제조, 요소 제조에 쓰인다.
② 냉동용 냉매로 이용된다.
③ 나일론 및 각종 아민류의 원료로 쓰인다.

## 2.8 이산화탄소 ($CO_2$)

### (1) 성 질

① 무색, 무미, 무취의 기체로 공기 중에 약 0.03% 함유되어 있으며 불연성 가스이다.
② 액화시켜 저장·운반할 수 있으며, 더 냉각시켜 드라이아이스를 얻을 수도 있다.
③ 석회수 $Ca(OH)_2$ 중에 불어 넣으면 흰 침전이 생기므로 이산화탄소 검출에 쓰인다.
④ 물에 녹으면 약산성을 나타낸다.

### (2) 제조법

① 수소 가스 제조시 부산물로 얻어진다. $CO + H_2O \rightarrow CO_2 + H_2$
② 알코올 발효시 부산물로 얻어진다.
③ 석회석을 가열하여 얻을 수 있다. $CaCO_3 \rightarrow CaO + CO_2 \uparrow$
④ 코크스를 연소시켜 연소가스로 얻어진다.
⑤ 드라이아이스는 이산화탄소를 100기압까지 압축한 뒤에 $-25°C$까지 냉각시키고 단열 팽창시키면 얻어진다 (이론수율 47%, 실제수율 36%).

### (3) 용 도

① 청량음료에 사용된다.
② 액체 탄산으로 하여 소화기에 쓰인다.
③ 냉매 또는 한제로 쓰인다.

## 2.9 일산화탄소 (CO)

### (1) 성 질

① 무색, 무취의 독성가스이며, 공기 중에서 잘 연소한다 (허용 농도 50 ppm, 폭발범위 12.5~74.2%).
② 철족의 금속과 반응하여 금속 카르보닐을 생성한다.
   $Ni + 4CO \rightarrow Ni(CO)_4$
   $Fe + 5CO \rightarrow Fe(CO)_5$

③ 염소와 반응하여 독가스인 포스겐을 만든다.

$$CO + Cl_2 \rightarrow COCl_2$$

### (2) 제조법

① 천연가스에서 채취한다.
② 석탄의 고압 건류에 의해 제조된다.
③ 석유 정제의 분해가스에서 얻어진다.

### (3) 용 도

메탄올 합성 원료, 아크릴산·부탄올 합성, 포스겐 합성

## 2.10 메탄 ($CH_4$)

### (1) 성 질

① 무색, 무취의 기체로서 잘 연소하며 액화천연가스 (LNG)의 주성분이다 (폭발범위 5 ~15 %).

$$CH_4 + 2 O_2 \rightarrow CO_2 + 2 H_2O (L) + 212.8 \text{ kcal} \quad (\text{발열량} : 12402 \text{ kcal/kg})$$

② 고온에서 수증기와 작용하여 일산화탄소와 수소를 발생시킨다.
③ 염소와 반응시키면 염소화합물을 만든다 ($CH_3Cl$, $CH_2Cl_2$, $CHCl_3$, $CCl_4$ 등).

### (2) 제조법

① 천연가스에서 직접 얻는다.
② 석유 정제의 분해가스에서 얻는다.
③ 석탄의 고압 건류에서 얻는다.
④ 유기물의 발효에 의하여 얻는다.

### (3) 용 도

연료로 대부분 사용하며, 아세틸렌 및 카본 블랙 제조 등에 사용된다.

## 2.11 액화석유가스 (LPG, Liquified Petroleum Gas)

액화석유가스란 프로판, 부탄, 프로필렌, 부틸렌 등을 주성분으로 하는 석유계 저급 탄화수소의 혼합물을 말하며, 통상 LPG는 프로판과 부탄을 지칭한다.

**프로판 · 부탄 · 프로필렌 · 부틸렌의 특성**

| 가스명 | 구 분 | 프로판 | 부 탄 | 프로필렌 | 부틸렌 |
|---|---|---|---|---|---|
| 분자식 | | $C_3H_8$ | $C_4H_{10}$ | $C_3H_6$ | $C_4H_8$ |
| 분자량 | | 44 | 58 | 42 | 56 |
| 가스 비중 | | 1.5 | 2 | 1.4 | 1.9 |
| 비점 (0℃) | | -42.1 | -0.5 | -47.7 | -6.26 |
| 임계온도 (0℃) | | 96.8 | 152 | 91.9 | 146.4 |
| 임계압력 (atm) | | 42 | 37 | 45.4 | 39.7 |
| 임계밀도 (kg/L) | | 0.220 | 0.228 | 0.233 | 0.238 |
| 증발잠열 (kcal/kg) | | 101.8 | 92 | 104.6 | 93.3 |
| 폭발범위 (%) | 상한 | 9.5 | 8.4 | 10.3 | 9.3 |
| | 하한 | 2.1 | 1.8 | 2.4 | 1.6 |

## (1) 성 질

① 일반적 성질

㉮ 공기보다 무거우므로 누설시 대기중으로 확산되지 않고 낮은 곳으로 모여 인화하기 쉽다.

㉯ 액체 상태의 LPG는 물보다 가볍다.

㉰ 기화, 액화가 용이하다.

㉱ 기화하면 체적이 커진다 (프로판은 약 250배, 부탄은 약 230배).

㉲ 증발 잠열 (기화열)이 크다.

㉳ 온도가 상승하면 용기 내의 증기압은 상승한다.

㉑ 온도 상승에 따라 액체 체적이 커지므로 용기는 40℃를 넘지 않게 한다.
㉒ LPG는 무색, 무취, 무독하나 많은 양을 흡입하면 중추신경 마비를 일으킨다.
㉓ 천연고무를 용해시키므로 합성고무 (Si 고무)를 사용해야 한다.

② 연소성

㉮ 발화점이 다른 연료보다 높으므로 안전성이 있다.
㉯ 발열량이 크다 (12000 kcal/kg).
㉰ 연소시 많은 공기가 필요하다.

$$C_3H_8 + 5\,O_2 \rightarrow 3\,CO_2 + 4\,H_2O + 530\ kcal$$
$$C_4H_{10} + 6.5\,O_2 \rightarrow 4\,CO_2 + 5\,H_2O + 700\ kcal$$

프로판은 약 24배, 부탄은 약 31배의 공기가 필요하다.

㉱ 폭발범위가 좁다.
㉲ 연소속도가 늦다.

## (2) 제조법

① 습성 천연가스 및 원유에서의 제조 : 유전 지대에 채취되는 습성 천연가스 및 원유에서 액화가스를 회수하는 방법이다.

㉮ 압축 냉각법 (진한 가스에 응용된다.)
㉯ 흡수유 (경유)에 의한 흡수법
㉰ 활성탄에 의한 흡착법 (희박 가스에 응용된다.)

② 정유소 제조 : 석유 정제 공정에서 상압 증류 장치, 접촉 분해 장치, 수소화 탈황 장치, 코킹 장치, 비스브레이킹 장치에서 발생하는 수소 및 저급 탄화수소를 분리하여 얻는다.

③ 나프타 분해 생성물에서 얻는다.
④ 나프타의 수소화 분해 생성물에서 얻는다.

## (3) 용 도

가정용 연료, 자동차용 연료, 용접용, 연료 가스, 공업용 연료 등으로 사용된다.

## 2.12 시안화수소 (HCN)

### (1) 성 질

① 독성이 강하고 쉽게 액화되며 무색투명하다 (허용 농도 : 10 ppm, 복숭아 냄새).
② 오래된 시안화수소는 급격한 중합에 의해 폭발의 위험이 있으므로 충전 후 60일을 넘지 않게 한다 (폭발범위 6~41 %, 순도 98 % 이상, 즉 수분이 2 % 이상 있어서는 안 된다).
③ 중합을 방지하는 안정제로 황산, 염화칼슘, 인산, 오산화인, 동망 등이 있다.

### (2) 제조법

① 앤드루소법 : 메탄과 암모니아 및 공기의 혼합가스를 약 1100℃의 온도에서 백금, 로듐 촉매에 통과시켜 제조한다.
② 포름아미드법 : 일산화탄소와 암모니아에서 포름아미드를 거쳐 제조하는 것이며 포름아미드의 생성과 탈수 공정으로 되어 있다.

### (3) 용 도

살충용, 메타크릴 수지 합성용 (MMA) 원료, 아크릴계 합성섬유의 원료

## 2.13 산화에틸렌 ($C_2H_4O$)

### (1) 성 질

① 상온에서 무색, 유독한 기체이며, 10℃ 이하에서는 액체이다 (허용 농도 : 50 ppm).
② 폭발범위가 3~100 %이므로 공기가 혼입되지 않아도 열이나 충격에 의해 폭발을 하며, 액체일 때는 분해 폭발하지 않는다.
③ 용기 내에 질소, 이산화탄소, 수증기를 희석제로 하여 미리 충전해 두면 폭발범위가 좁아져 폭발을 피할 수 있다 (45℃에서 $4\ kg/cm^2$ 이상의 압력).

### (2) 용 도

폴리에스테르 섬유 공업에 이용되고, 메탄올아민의 원료로 쓰인다.

## 2.14 프레온

### (1) 성 질
① 불소 (F) 또는 불소와 수소를 함유한 탄화수소이며, 무색, 무취, 무독, 불연성이다.
② 액화하기 쉽고 증발 잠열이 크고 화학적으로 안정하여 200℃ 이하에서는 대부분의 금속과 반응하지 않는다.
③ 800℃ 불꽃에 접촉하면 포스겐 ($COCl_2$)이라는 맹독 가스를 발생시킨다.
④ 천연고무, 수지를 용해시키므로 인조고무를 사용한다. 수분이 있으면 불산 (HF)이 되어 유리를 녹임.

### (2) 용 도
① 냉동 장치의 냉매로 쓰인다.
② 테플론 제조에 이용된다.

## 2.15 아황산가스 ($SO_2$ : 이산화황)

① 강한 자극성 냄새를 가진 독성 가스이다 (허용 농도 5 ppm).
② 물에 용해되어 산성을 나타 낸다. $SO_2 + H_2O \rightarrow H_2SO_2$
③ 황을 연소시키면 발생한다. $S + O_2 \rightarrow SO_2$
④ 대부분 황산 제조에 쓰인다.
⑤ 장치 부식과 공해의 원인

## 2.16 황화수소 ($H_2S$)

① 무색이며 계란 썩은 냄새가 나는 독성 가스이다 (허용 농도 10 ppm).
② 공기 중에서 잘 연소된다 (폭발범위 4.3∼45.5 %).
③ 습기를 함유한 공기 중에서 금, 백금 이외의 모든 금속과 반응한다.
④ 탈황 장치에서 얻어진다.

# PART 02

## 가스 안전 관리

1. 고압가스
2. 액화석유가스
3. 도시가스

# 가스 안전 관리

## 1 고압가스

### (1) 안전거리

저장 및 처리 설비 외면으로부터 1종 2종 보호 시설과 유지해야 할 거리를 말한다.

| 구 분 | 처리 및 저장 능력/clay | 1종 보호 시설(m) | 2종 보호 시설(m) |
|---|---|---|---|
| 산 소 | 1만 이하 | 12 | 8 |
| | 1만 초과~2만 이하 | 14 | 9 |
| | 2만 초과~3만 이하 | 16 | 11 |
| | 3만 초과~4만 이하 | 18 | 13 |
| | 4만 초과 | 20 | 14 |
| 독성, 가연성 | 1만 이하 | 17 | 12 |
| | 1만 초과~2만 이하 | 21 | 14 |
| | 2만 초과~3만 이하 | 24 | 16 |
| | 3만 초과~4만 이하 | 27 | 18 |
| | 4만 초과 | 30 | 20 |
| | 5만 초과~99만 이하 | 30 | 20 |
| | 가연성 가스 저온 저장, 탱크 | $\frac{3}{25}\times\sqrt{X+10000}$ | $\frac{2}{25}\times\sqrt{X+10000}$ |
| | 99만 초과 | 30 | 20 |
| | 가연성 가스 저온저장 탱크 | 120 | 80 |
| 기타 가스 | 1만 이하 | 8 | 5 |
| | 1만 초과~2만 이하 | 9 | 7 |
| | 2만 초과~3만 이하 | 11 | 8 |
| | 3만 초과~4만 이하 | 13 | 9 |
| | 4만 초과 | 14 | 10 |

 ☞ 단위 및 $X$는 압축가스 $m^3$
　　　　　액화가스 kg

### (2) 저장 능력 선정기준

① $Q = (10P+1)V$　　　($10P+1$)일 때의 $P$는 MPa
　　　　　　　　　　　여기서, $Q$: 저장 능력 [$m^3$], $P$: 충전 압력 [$kg/cm^2$]

② $W = \dfrac{V_2}{C}$   여기서, $V$ : 내용적 [m³]

③ $W = 0.9\, dV_2$   여기서, $V_2$ : 내용적[L], $W$ : 저장능력[kg], $d$ : 액비중[kg/L], $C$ : 충전지수

**C의 값** $C_3H_8$ : 2.35   $C_4H_{10}$ : 2.05   $NH_3$ : 1.86   $CO_2$ : 1.34   $N_2$ : 1.47
R-12 : 0.86
R-22 : 0.98

④ 냉동 능력 선정 기준
  ㉮ 원심식 : 정격 출력 1.2 kW를 1톤
  ㉯ 흡수식 : 발생기 가열량 시간당 6640 kcal를 1톤
  ㉰ 나머지 R(톤) = $\dfrac{V}{C}$

※ C 의 값은 기통의 체적이 5000 cm3 기준으로 하여 정해진다.
  예) $NH_3$ 5000 초과 7.9
          이하 8.4
※ 다단 압축 방식이나 다원 냉동 설비   $V_H + 0.08 V_L$
 • 회전식 압축기   $60 \times 0.785 \times t \times n \times (D_2 - d_2)$
 • 스크루 압축기   $K \times D_3 \times \dfrac{L}{D} \times n \times 60$
  여기서, $V_H$ : 최종단 최종 원기통의 압축기 배출량 [m³/h]
       $V_L$ : 최종단 최종 원기통 앞의 압축기 배출량 [m³/h]
       $t$ : 회전 피스톤의 두께 [m], $n$ : rpm
       $D$ : 기통의 내경 (스크루는 로터 직경) [m]
       $d$ : 회전자 외경 [m], $L$ : 로터의 유효한 거리 [m], $K$ : 치형계수

## (3) 가스 제조 시설

**특정 가스 제조 · 기술 기준**

① 안전 구역 내의 설비 사이 거리 30 m 이상 유지
② 제조 설비는 제조소의 경계까지 20 m 이상 유지
③ 가연성 탱크는 20만 m³ 이상 압축기와 30 m 이상 유지
④ 가연성가스 저장탱크(저장능력이 300m³ 또는 3톤 이상인 탱크만을 말한다)와 다른 가연성 가스 저장탱크 또는 산소저장탱크 사이에는 두 저장탱크 최대지름을 더한 길이의 4분의 1 이상의 거리를 유지하며, 1m 미만일 때는 1m를 유지한다(탱크를 지하에 설치시 1m 이상을 유지한다).

⑤ 폭발 가능성이 큰 반응 설비는 온도, 압력, 유량을 감시할 수 있는 장치

⑥ 가연성 독성 가스는 누설 경보 장치를 설치
- ㉮ 체류의 우려가 있는 장소
- ㉯ 설치 수는 신속하게 감지할 수 있는 숫자
- ㉰ 기능은 가스 종류에 적합할 것

⑦ 밴트스택 : 폐기 가스를 그대로 방출 (속도 : 150m/s 이상)
- ㉮ 벤트스택의 착지농도가 폭발하한계(가연성가스)또는 허용농도(독성가스) 미만이 되도록 충분한 높이가 되어야 한다.
- ㉯ 긴급용 벤트스택 : 10m
- ㉰ 기타 벤트스택 : 5m
- ㉱ 기액분리기 설치 : 액화가스 방출, 급랭될 우려가 있는 장소

⑧ 플레어스택 : 폐기 가스를 연소시켜 방출 (복사열이 4000 kcal/m2 · h 이하로 되게 높이 조절)

⑨ 방류둑 설치 : 액화가스 유출 방지
- ㉮ 특정 제조 : 연 : 500 t 이상   독 : 5 t 이상   $O_2$ : 1000 t 이상
- ㉯ 일반 제조 : $O_2$ : 1000 t 이상   독 : 5 t 이상
- ㉰ 냉동기는 독성인 수액기 10000 L 이상
- ㉱ LPG tank 연 1000 t 이상
- ㉲ 일반 도시가스사업 : 저장능력 1000톤 이상
  가스 도매사업 : 저장능력 500톤 이상

⑩ 공기보다 무거운 가스 계기실은 이중문으로 할 것 (입구 위치가 지상에서 2.5 m 이하인 경우)

⑪ 배관 접합부는 용접으로 하고 지하에 매설할 것
- ㉮ 독 : 건축물 1.5 m 수평 거리
  지하 터널 10 m 수평 거리
  수도 시설 300 m 수평 거리
- ㉯ 다른 시설물 0.3 m 유지
- ㉰ 지면과의 거리 : 산, 들 1 m 이상, 나머지 1.2 m
- ㉱ 도로 밑 매설시 배관 외경 +10 cm 두께의 판을 배관 정상 +30 cm 이상 직상부에 설치

㉮ 시가지 도로 밑 매설시 1.5 m 유지 (방호 구조물 1.2 m)
㉯ 시가지 외는 1.2 m
㉰ 포장 차도 0.5 m
㉱ 철도 부지는 궤도 중심과 4 m 이상 부지 경계와 1 m 이상 유지 (지하 1.2 m)
㉲ 지상 설치

| | | |
|---|---|---|
| 2 kg/cm³ 미만 공지 폭 | 5 m 이상 | ▶ 공업 전용 지역의 경우는 1/3 |
| 2 이상 10 kg/cm³ 미만 | 9 m 이상 | ▶ 2 kg/cm² = 0.2 MPa |
| 10 kg/cm³ 이상 | 15 m 이상 | ▶ 10 kg/cm² = 1 MPa로 환산 |

㉳ 해저 설치시 30 m 이상 유지
㉴ 피뢰 설비 KS C 9609

## 일반 가스 제조·기술 기준

① 가연성 가스 저장 탱크는 은백색으로 하고 가스 명칭은 적색으로 표시할 것
② 5 m³ 이상 탱크는 가스 방출 장치 설치
③ 저장 탱크 지하 설치시
　㉮ 천장, 벽, 바닥 두께 30 cm 이상
　㉯ 주위는 모래, 정상부와 지면 60 cm 이상
　㉰ 탱크 사이 1 m 이상 유지, 지상에 경계표지
　㉱ 지상에서 5 m 이상 방출구
④ 긴급 차단 장치 (5000 L 미만 제외)
　5 m 이상에서 조작, 3곳에 설치 (작동원 : 전기식, 공기압, 유압)
⑤ 설비의 내압시험은 상용 압력×1.5배
　기밀시험은 상용압력 이상으로 할 것
⑥ 설비와 화기와의 거리 8 m 이상 유지
⑦ 설비 두께는 상용 압력×2배에서 항복을 일으키지 않는 두께로 할 것
⑧ 지반 침하 방지 조치 (100 m³, 1 t 이상 탱크)
⑨ 압력계 눈금 범위는 상용 압력의 1.5~2배로 설치
⑩ 가스 방출구 높이는 지상에서 5 m나 탱크 정상부에서 2 m 중 높은 위치에 설치
⑪ 가연성 제조 설비와 다른 가연성 제조 설비와는 5 m 이상 유지

가연성 제조 설비와 산소 제조 시설과는 10 m 이상 유지
⑫ 가연성 제조 설비는 방폭 구조로 할 것 ($NH_3$, $CH_3Br$ 제외)
⑬ 독성 가스설비는 중화 장치나 흡수 장치 설치
⑭ $C_2H_2$ 압축기 또는 100 kg/cm$^2$ (9.8 MPa) 이상인 압축기와 충전 장소 사이, 충전 용기 보관 장소 사이, 충전 장소와 용기 보관 장소 사이, 충전 장소와 충전용 주간 밸브 사이에 방호벽 설치
⑮ 정전기 제거 조치 (가연성 설비)
⑯ 긴급 사태 발생시를 대비하여 통신 시설 (구내전화, 방송 설비, 인터폰, 페이징 설비, 사이렌 등)을 갖출 것
⑰ 안전밸브의 작동 압력은 $TP \times 0.8$배 이하에서 작동하도록 설치 (액화 산소 탱크는 상용 압력$\times 1.5$배이다.)
⑱ 역류 방지 밸브 설치
 ㉮ 가연성 가스 압축기와 충전용 주관 사이
 ㉯ $C_2H_2$ 유 분리기와 고압 건조기 사이
 ㉰ $NH_3$, $CH_3OH$ 합성탑 또는 정제탑과 압축기 사이
⑲ 역화 방지 밸브 설치
 ㉮ 가연성 압축기와 오토클레이브 사이
 ㉯ $C_2H_2$ 고압 건조기와 충전용 교체 밸브 사이, 충전용 지관
⑳ 독성가스 제조 설비는 식별표지 및 위험표지를 할 것
㉑ 독성가스 배관은 용접 이음을 원칙으로 할 것 (부득이한 경우 플랜지로 갈음)
㉒ 독성가스 배관은 가스의 종류에 따라 이중관으로 할 것
㉓ 1일 처리 능력이 100 m$^3$ 이상인 사업소는 표준 압력계 2개 이상 설치
㉔ 액화공기 탱크와 액화산소 증발기 사이에는 석유류나 유지를 제거하는 여과기를 설치할 것 (1000 m$^3$/h 이하인 압축기는 제외)
㉕ 살수 장치 설치 — $C_2H_2$ 충전 장소나 용기 보관소
㉖ $C_2H_2$ 접촉 부분은 동 함유량이 62 % 미만의 강 사용 (충전용 지관은 C 함유량 0.1 % 이하의 강 사용)
㉗ 에어로졸 누설 시험 46℃ 이상 50℃ 미만 온수 탱크
㉘ $C_2H_2$ 발생 장치는 25 kg/cm$^2$ (2.5 MPa) 이하로 하고 $CH_4$, $N_2$, $CO$, $C_2H_4$ 등의 희석제 첨가 (습식 $C_2H_2$ 발생기는 70℃ 이하 유지)

## 제 2 편 가스 안전 관리

**요점정리**

* 용기 충전시 다공 물질의 다공도는 75 % 이상 92 % 미만이 되어야 하며, 아세톤이나 DMF (디메틸포름아미드)를 침윤시킨 후 충전

$$다공도 = \frac{V-E}{V} \times 100$$

$V$ : 다공물의 용적
$E$ : 침윤 잔용적 아세톤이나 DMF의 비중은 0.795 이하로 한다.

* 충전 중 압력은 25 kg/cm2 이하[2.5MPa]
충전 후 압력은 15℃, 15.5 kg/cm² 이하가 되도록 24시간 정지[1.5MPa]

㉙ 가연성 가스나 산소 제조시 1일 1회 이상 분석

㉚ 압축 금지 사항 : 가연성 가스 중 산소 4 % 이상 (상대적), 산소 중에 H2, C2H2, C2H4 2 % 이상 (상대적)

㉛ 공기 액화 분리장치 1일 1회 이상 분석 (1000 m³/h 이하, 압축기는 제외)

액화산소 5 L 중 $C_2H_2$ 5 mg, 탄화수소 중 탄소의 질량이 500 mg 초과시 압축 중지

| C의 질량이 1 % 이하 | 인화점 200℃ 이상 | 170℃에서 8시간 교반시 분해되지 않아야 함. |
|---|---|---|
| C의 질량이 1 % 초과 1.5 % 미만 | 인화점 230℃ 이상 | 170℃에서 12시간 교반시 분해되지 않을 것 |

㉜ 공기 압축기 윤활유

㉝ 충전용 주관 압력계는 매월 1회 이상 기능 검사, 그 밖의 압력계는 3월에 1회 이상 기능 검사

㉞ 안전밸브 : 압축기 최종단 것은 6개월, 그 밖의 것은 1년에 1회 이상 작동, 압력 조정

㉟ HCN (시안화수소)

㉮ 순도 98 % 이상이고 $SO_2$, $H_2SO_4$ 등의 안정제 첨가

㉯ 용기 충전 후 24시간 정지하고 60일이 경과하기 전에 다른 용기에 충전

㊱ $C_2H_4O$ (산화에틸렌) : 탱크 내부를 $N_2$, $CO_2$로 치환 후 $N_2$, $CO_2$가스 충전 후 5℃ 이하로 유지

㊲ 용기 충전시 45℃에서 4 kg/cm² (0.4 MPa) 이상이 되도록 $N_2$, $CO_2$ 충전

㊳ 무계목 용기에 충전시 음향 검사 → 조명 검사 후 충전

㊴ 차량 정지목 설치 내용적=2000 L 이상시 (LPG 로리는 5000 L 이상)

㊵ 충전용기

㉮ 40℃ 이하 유지

㉯ 주위 2 m 이내 화기 금지

㉰ 프로텍터 및 캡 설치 (5 L 미만 제외)

㉱ 가열시 40℃ 이하 열습포 사용

㊷ 에어로졸

㉮ 내용적이 1 L 미만 100 cm$^3$ 초과 용기는 강이나 경금속 사용

㉯ 금속제 용기 두께 0.125 mm 이상 사용

㉰ 13kg/cm$^2$(1.3MPa) 변형, 15kg/cm$^2$(1.5MPa) 파열 불합격 : 50℃에서 용기 내 압력 ×1.5했을 때 변형되지 말아야 하고, 용기 내 압력×1.8했을 때 파열되지 말 것

㉱ 300 cm$^3$ 이상 용기는 재사용된 일이 없는 것이어야 하며, 100 cm$^3$ 초과 용기는 제조자 명칭이나 기호를 표시할 것

㉲ 인화성, 발화성 물질과는 8 m 이상 우회 거리 유지

㉳ 용기 내압은 35℃에서 8 kg/cm$^2$ 이하로 하고, 용량이 90 % 이하로 할 것

㉴ 온수 시험 탱크 수온 46℃ 이상 50℃ 미만

㉵ 300 cm$^3$ 이상 용기는 제조자 성명, 기호 등 표시

㉶ 인체에서 거리 20cm 이상 유지하여 사용한다.

㊸ $O_2$, $H_2$, $C_2H_2$ 품질 검사 : 1일 1회 이상    ▶ 120 kg/cm$^2$ = 11.8 MPa

| 구 분 | 시 약 | 순 도 | 충전 P.W |
|---|---|---|---|
| $O_2$ | 동, 암모니아 (오르자트법) | 99.5 % | 35℃에서 120 kg/cm$^2$ 이상 |
| $C_2H_2$ | 발연황산 (오르자트법), 브롬 시약 (뷰렛법), 질산은 시약 (정성법) | 98 % 이상 | 3 kg 이상 |
| $H_2$ | 피로카롤 하이드로설파이드 시약 | 98.5 % | 35℃에서 120 kg/cm$^2$ 이상 |

## 냉동 제조 시설 기준

① 가연성, 독성 냉매인 경우 지상에서 5 m 이상 높이로 방출구 설치

② 가연성, 독성 냉매 설비 중 수액기는 환형 유리관 액면계를 사용하지 말 것

③ 방류둑 설치 : 독성인 냉매 수액기의 내용적이 10000 L 이상

④ TP=설계 압력×1.5

   기밀시험=설계 압력 이상

⑤ 가연성 독성인 수액기 액면계는 상하에 자동이나 수동 스톱 밸브를 설치할 것

⑥ 안전밸브는 압축기용 : 1년에 1회 이상 TP × 0.8 이하에서 작동하도록 할 것

## 압축 천연가스 자동차 충전소 고정식 자동차 충전소 (배관, 탱크로 공급)

① 설비 외면은 사업소 경계까지 10 m 이상 안전거리 유지, 방호벽 설치시는 5 m
② 설비 30 m 이내에 보호 시설이 있을 시는 방호벽을 설치할 것
③ 충전 설비는 도로 경계로부터 5 m 유지
④ 모든 설비는 철도로부터 30 m 유지
⑤ 설비는 고압 전선 (직류 750 V, 교류 600 V 초과)과 5 m 유지, 저압 전선과는 1 m 이상 유지
⑥ 모든 설비는 화기 취급 장소와 8 m 우회 거리 유지
⑦ 모든 설비는 가연성·인화성 물질과는 8 m 유지
⑧ 설비 및 부속품 주위 1 m 안전 공간 확보
⑨ 설비의 환기구 면적은 바닥 $1\,m^2$당 $300\,cm^2$, 환기 능력은 $0.5\,m^3$/분 이상일 것

## 액화천연가스 자동차 충전

① 안전거리

| 저장 능력 [kg] | 사업소 경계와 안전거리 [m] |
|---|---|
| 25 t 이하 | 10 |
| 25 t 초과 50 t 이하 | 15 |
| 50 t 초과 100 t 이하 | 25 |
| 100 t 초과 | 40 |

$W = 0.9dV$ 여기서, $W$ : 용량 [kg], $d$ : 액비중 [kg/L], $v$ : 내용적 [L]

② 설비는 사업소 경계까지 10 m 유지
   방호벽 설치시는 5 m
③ "충전 중 엔진 정지" 표지는 황색 바탕에 흑색으로
   "화기 엄금" 표지는 백색 바탕에 적색으로
④ 호스 길이는 8 m 이내
⑤ 5000 L 이상 차량 탱크는 정지목 설치
⑥ 설비 외면으로부터 8 m 이내에는 화기 취급을 금할 것
⑦ 충전 설비 작동 상황을 1일 1회 이상 점검 확인

## (4) 저장 시설

① 저장 탱크 지하 설치시 안전거리를 유지하지 않아도 된다.
② 경계 표시 : 탱크 외부는 백색 도료, 가스 명칭은 적색으로 표시
③ 1,2종 시설과의 사이에 방호벽 설치
④ 가연성, 독성, 산소 시설은 구분하고, 지붕은 난연성의 가벼운 재료로 설치
⑤ 저장실 주위 2 m, 산소, 가연성은 8 m 우회 거리 → 인화성 물질 보관 금지
⑥ 100 m$^3$, 1 t 이상인 탱크는 지반 침하 방지 조치
⑦ 용기는 40℃ 이하 유지
⑧ HCN은 1일 1회 이상 질산구리 벤젠 등의 시험지로 누설 검사를 할 것

## (5) 판매 시설

① 방호벽 : 용기 보관실 벽
　　안전거리 : 300 m3, 3 t 이상시 유지
② 압력계 및 계량기 설치
③ 용기 보관실 주위 2 m 이상 화기와의 거리 유지
④ 용기 보관실은 휴대용 손전등만 휴대
⑤ 용기 기간 경과시, 도색 불량시 충전자에게 반송

## (6) 용기 제조

① 노내 용기 가열시 각부 온도차가 25℃ 이하가 되도록 유지
② $V$가 250 L 미만인 경우 자동 용접 설비
③ $V$가 125 L인 LPG 용기는 자동 부식 방지 도장 설비

| 구 분 | C | P | S |
|---|---|---|---|
| 무계목 | 0.55% | 0.04% | 0.05% |
| 계목 | 0.33% | 0.04% | 0.05% |

④ 탄소, 인, 황 : 취성의 원인
⑤ 용기 동판의 두께 차는 평균 두께의 20 % 이하로 할 것
⑥ 초저온 용기는 오스테나이트계 STS강이나 Al 합금으로 할 것
⑦ 용접 용기 동판 두께는 3.2~3.6 mm 철판 사용 (20 L 이상~125 L 미만)

⑧ 동판 두께 계산식

$$t = \frac{PD}{2S\eta - 1.2P} + C \Rightarrow \frac{PD}{2S\eta - 1.2P} + C \text{일 때는}$$

여기서, $t$ : 두께 [mm], $P$ : 최고충전압력 [MPa], $S$ : N/mm²

$D$ : 내경 [mm], $S$ : 재료의 허용 응력 [N/mm²] = 인장강도 × $\frac{1}{4}$

$\eta$ : 용접 효율, $C$ : 부식 여유 수치 [mm]

⑨ LPG 20 L 이상 125 L 미만 용기는 스커트 부착
⑩ 프로텍터, 캡은 고정식이나 체인식 (재료는 KS D 3503)
⑪ 납붙임, 접합용기는 1 L 미만에만 사용

### (7) 냉동기 제조

① 용접부는 인장, 굽힘 시험 등을 할 것 (필요한 부분은 방사선 투과 시험)
② 진동의 우려가 되는 배관은 방진 조치 (플렉시블 관등)를 할 것

### (8) 기타 사항

① 두께 8 mm 이상 판은 펀칭 가공으로 하지 않을 것 (펀칭 가공시 가장자리를 1.5 mm 깎을 것)
② 두께 13 mm 이상의 용기는 충격 시험을 행한다 (초저온 용기는 1.3 mm 이상).
③ 용기 내압시험시 영구 증가율 10 % 이하가 합격 (5 L 미만 용기는 가압 시험)
④ $V$가 500 L 이상인 용접 용기는 매 용기마다 방사선 검사
⑤ 초저온 용기 단열 성능 시험 합격 기준
   ㉮ 1000 L 이상 0.002 kcal/h · ℃ [L] 이하
   ㉯ 1000 L 미만 0.0005 kcal/h · ℃ [L] 이하
⑥ 용기 부속품의 충격 시험은 5 kg · m/cm² (50 J/cm²) 이상을 합격으로 한다 (인장강도 32 kg/mm² (313.6 N/mm²) 이상 연신율 15 % 이상).
⑦ 용기 재검사시 질량은 최초 질량의 95 % 이상을 합격으로 한다 (팽창률이 6 % 이하인 것은 최초 질량의 90 % 이상을 합격).
⑧ $C_2H_2$ 용기 다공물질 충전시 용기 직경의 1/200 또는 3 mm의 틈을 초과해서는 안 됨.
⑨ 비열처리 재료 : 오스테나이트계 스테인리스강, 내식성 Al 합금판, 내식성 알루미늄 합금 단조품 외 유사한 것

| 구 분 | TP (내압시험) | 기밀시험 |
|---|---|---|
| 압축가스 액화가스 용기 | FP×5/3 | FP 이상 |
| 초저온 저온 용기 | FP×5/3 | FP×1.1 |
| $C_2H_2$ 용기 | FP×3 | FP×1.8 |

⑩ 각종 용기의 압력 시험

⑪ 비파괴 : 방사선 투과 시험, 초음파 탐상 시험, 자분 탐상 시험, 형광 침투 탐상 시험, 음향 검사, 외관검사 등

⑫ 액화염소 500 kg 이상의 시설은 안전거리 유지

⑬ 액화가스 300 kg, 압축가스 60 m³ 이상인 용기 보관실 벽은 방호벽으로 할 것

⑭ $H_2$, $O_2$, $C_2H_2$ 화염 시설. 배관에는 역화 방지를 설치할 것

⑮ 차량 적재 운반시 "위험 고압가스"라는 경계표지를 차량 전후에 설치(RTC 차량은 좌우)

⑯ 자전거나 오토바이로 이동시 20 kg 이하 1개만 가능

⑰ 혼합 적재 금지 : Cl2, NH3, C2H2, H2

| 독 성 | 100 m³ 1000 kg 이상 |
|---|---|
| 가연성 | 300 m³ 3000 kg 이상 |
| 지연성 | 600 m³ 6000 kg 이상 |

⑱ 운반 책임자 동승

⑲ 차량 탱크 내용적 제한

   ㉮ 가연성, $O_2$ : 18000 L (LPG 제외)

   ㉯ 독성 : 12000 L (NH3 제외)

⑳ 주밸브 설치

   ㉮ 주밸브 : 후범퍼와 수평 거리 40 cm 이상

   ㉯ 후부 취출식 이외 : 후범퍼와 수평 거리 30 cm 이상

   ㉰ 조작상자 설치시 : 후범퍼와 수평 거리 20 cm 이상

## 1. 독성가스

### (1) 독성가스의 정의

"독성가스"란 아크릴로니트릴·아크릴알데히드·아황산가스·암모니아·일산화탄소·이황화탄소·불소·염소·브롬화메탄·염화메탄·염화프렌·산화에틸렌·시안화수소·황화수소·모노메틸아민·디메틸아민·트리메틸아민·벤젠·포스겐·요오드화수소·브롬화수소·염화수소·불화수소·겨자가스·알진·모노실란·디실란·디보레인·셀렌화수소·포스핀·모노게르만 및 그 밖에 공기 중에 일정량 이상 존재하는 경우 인체에 유해한 독성을 가진 가스로서 허용농도(해당 가스를 성숙한 흰쥐 집단에게 대기 중에서 1시간 동안 계속하여 노출시킨 경우 14일 이내에 그 흰쥐의 2분의 1 이상이 죽게 되는 가스의 농도를 말한다.)가 100만분의 5000 이하인 것을 말한다.

## 제 2 편  가스 안전 관리

### (2) 독성가스 : LC50 허용농도 5000ppm 이하

| 가스명 | 허용 농도(ppm) TLV-TWA | 허용 농도(ppm) LC 50 |
|---|---|---|
| 이산화황 | 10 | 2520 |
| 요오드화수소 | 0.1 | 2860 |
| 모노메틸아민 | 10 | 7000 |
| 디에틸아민 | 5 | 11100 |
| 염소 | 1 | 293 |
| 염화수소 | 5 | 3120 |
| 불화수소 | 3 | 966 |
| 황화수소 | 10 | 712 |
| 브롬화메탄 | 20 | 850 |
| 암모니아 | 25 | 7338 |
| 일산화탄소 | 50 | 3760 |
| 산화에틸렌 | 50 | 2900 |

### (3) 맹독성 가스 : LC50 허용농도 200ppm 이하

| 가스명 | 허용 농도(ppm) TLV-TWA | 허용 농도(ppm) LC 50 |
|---|---|---|
| 디보레인 | 0.1 | 80 |
| 세렌화수소 | 0.05 | 2 |
| 불소 | 0.1 | 185 |
| 시안화수소 | 10 | 140 |
| 알진 | 0.05 | 20 |
| 포스겐 | 0.1 | 5 |
| 니켈카르보닐 |  | 35 |
| 포스핀 | 0.3 | 20 |
| 오존 | 0.1 | 9 |

### 2. 고압가스 특정제조 설비의 물분무장치의 설치기준

| 저장탱크의 내화 구조상 구분 시설비 | | 노출된 경우 | 준내화구조 저장탱크 (암면 : 두께 25mm 이상) | 내화구조 저장탱크 주변 화재를 고려하여 충분한 내화성능을 갖는 것 | 비고 |
|---|---|---|---|---|---|
| 저장탱크 간의 간격이 1m 이내 또는 최대직경을 합산한 것이 1/4 중 큰 치수 이상을 이격하지 않은 경우 | 물분무장치(표면적 $1m^2$ 당의 분무량) | $8l$/분 | $6.5l$/분 | $4l$/분 | • 소화전<br>㉮ 호스 끝 수압은 0.35MPa 이상<br>㉯ 방수능력은 $400l$/분 이상<br>㉰ 최대수량은 40m 이내에 설치<br>• 물분무장치<br>㉮ 탱크외면(방류제 외측) 15m 이상의 위치에서 조작<br>㉯ 최대 수량은 동시방사 30분 이상의 수원에 접속 |
| | 소화전(소화전 1개 당의 표면적) | $30m^2$ | $38m^2$ | $60m^2$ | |
| 저장탱크 간이 인접한 경우 또는 산소저장탱크와 인접하여 두 탱크의 최대직경을 합한 것의 1/4보다 적게(위 ①에 해당하면 제외) 이격한 경우 | 물분무장치(표면적 $1m^2$ 당의 분무량) | $7l$/분 | $4.5l$/분 | $2l$/분 | |
| | 소화전(소화전 1개 당의 표면적) | $350m^2$ | $55m^2$ | $125m^2$ | |

# 2  액화석유가스

## (1) 용어의 정의
① LPG : C3H8, C4H10 주성분으로 하는 액화가스 (기화된 것도 포함)
② 저장탱크 : 액화가스를 저장하기 위한 것으로 지상, 지하에 설치된 것 (3 t 미만은 소형탱크)
③ 충전용기 : 질량이 1/2 이상인 용기 (1/2 미만은 잔가스용기)
④ 가스설비 : 배관을 제외한 충전, 공급, 사용을 하기 위한 설비

⑤ 불연 재료 : 콘크리트, 벽돌, 기와, 철재, 알루미늄, 유리, 모르타르 등
⑥ LPG 충전업 : 용기에 충전하는 사업 (1 L 미만 용기나 라이터 제외)
⑦ LPG 집단 공급시설 : 배관을 통하여 연료로 공급하는 사업 (가스미터까지)
⑧ LPG 판매업 : 충전된 가스를 판매하는 업 (1 L 미만 제외)
⑨ LPG 저장소 : 5 t 이상을 저장하는 장소 (1 L 미만 용기에 충전된 질량의 합이 250 kg 이상도 해당)
⑩ 가스용품 제조업 : 가스를 사용하기 위한 기기 제조업 (LPG, 도시가스용 포함, 연소기, 조정기, 밸브, 호스, 콕, 기화기 등)

## (2) 시설 기술 기준

① 지상 탱크 지주는 내열성 구조로 하고 5 m 이상에서 조작 가능한 살수 장치 설치
② 지하 탱크 기준은 고압가스와 동일 (강제 통풍 장치 설치)
③ 탱크 외부는 은백색 도료를 칠하고, LPG, 액화석유가스라고 적색으로 표시
④ 배관 지하 매설시 1 m 이하 깊이
⑤ 배관에 설치된 안전밸브 분출 면적은 배관 지름 최대 단면적의 1/10 이상
⑥ 충전시설의 탱크 능력은 연간 $10,000 m^3$ 이상 처리할 수 있는 시설로 해야 하며 탱크 능력은 1/50 이상일 것
⑦ 지상에 설치된 10 t 이상 탱크에는 폭발 방지 장치를 할 것
⑧ 자동차 용기 충전시설에는 황색 바탕에 흑색 글씨로 "충전 중 엔진 정지"라는 표지판과 백색 바탕에 적색 글씨로 "화기 엄금"이라고 쓴 게시판 설치
⑨ 충전기는 원터치형으로 하고, 호스 길이는 5 m 이내로(배관 중 호스 길이 3m) 할 것
⑩ 충전기 상부에는 닫집 차양을 하고, 크기는 공지 면적의 1/2 이하
⑪ 공기 중 비율이 1/1000 상태에서 감지하도록 부취제를 첨가할 것
⑫ 충전용 주관의 압력계는 매월 1회 (나머지는 3월에 1회)
⑬ 차량 탱크 내용적이 5000 L 이상시 차량 정지목 설치
⑭ 설비 치환시 불활성가스 → 공기 재치환 후 산소 농도가 18 % 이상으로 할 것
⑮ 충전용기는 전도, 전락 방지 조치 (5 L 이하 제외)
⑯ 탱크로리는 저장 탱크에서 3 m 이상 떨어져 정차할 것
⑰ 납붙임 접합 용기에 충전시 35℃에서 $4 kg/cm^3$ (0.4 MPa) 이하가 되도록 할 것
⑱ 저장 설비 주위에는 1.5 m 이상의 경계책 설치
⑲ 배관 지하 매설시 폴리에틸렌 피복 강관이나 가스용 폴리에틸렌관을 사용할 것

⑳ 지상 배관은 황색, 매몰관은 적색이나 황색으로 할 것 (황색 띠로 표시할 경우 바닥에서 1 m 높이에 폭 3 cm 띠를 이중으로 할 것)
㉑ 지하 매몰시 1 m 이상 깊이 (도로 밑 1.2 m나 이중관)
㉒ 배관 고정 장치

지름 13 mm 미만 : 1 m마다

13 이상 33 mm 미만 : 2 m마다

33 mm 이상 : 3 m마다 설치
㉓ 탱크는 내용적의 90 %를 넘지 않도록 할 것 (소형 85 %)
㉔ 조정기에서

$Q$ : 용량 [kg/h]

$P$ : 입구 압력 [MPa]

$R$ : 조정 압력 [MPa, kPa]
㉕ 볼 밸브는 90° 회전시 완전히 개폐되는 구조일 것
㉖ 밸브 수압 시험 30 kg/cm$^2$ (3 MPa), 밸브 기밀 시험 18 kg/cm$^2$ (1.8 MPa) (공기, 질소)
㉗ 염화비닐 호스 : 안지름 6.3 mm (1종), 안지름 9.5 mm (2종), 안지름 12.7 mm (3종) 허용차는 ±0.7 mm
㉘ 연소기와 용기는 직결되지 않는 구조로 할 것 (3 kg 이하 이동식은 제외)
㉙ 안전밸브는 TP × 0.8 이하에서 작동되도록 1년에 1회 이상 조정
㉚ 저장 능력 300 kg 이상시 압력 상승 방지를 위한 안전 장치 구비
㉛ 20 L 이상 용기 이동시 견고한 조치
㉜ 가스 사용 시설 내압시험 저압부 8 kg/cm$^2$, 고압측 용기 내압시험과 동일
㉝ 가스 사용 시설의 호스 길이는 3 m 이내로 하고, 호스는 T형으로 접속하지 말 것
㉞ 액화석유가스 기화 장치는 직화식으로 하지 말 것
㉟ 가스 사용시설의 기밀 시험 조정기 → 연소기 840~1000 mmH$_2$O, 준저압 조정기는 3500 mmH$_2$O (3.5 kPa)
㊱ 가스계량기와 화기는 2 m 이상 우회 거리를 유지하고, 설치 높이는 1.6 m 이상 2 m 이내에 수직·수평으로 설치

> 요점정리 ■ **액화석유가스**
> (1) ① LPG는 탄화수소 중 탄소수가 3~4개인 것을 총칭한 것으로 프로판, 부탄 이외에 C$_4$H$_8$ (부틸렌), C$_4$H$_6$ (부타디엔), C$_3$H$_6$ (프로필렌)이 있다.

※ C₃H₈ (프로판)은 가정에서 주로 쓰이며 자동차, 가스라이터 (소형)에는 $C_4H_{10}$ (부탄)이 사용된다.
② 압축가스는 충전 압력의 1/2을 기준으로 구분된다.
③ 가스미터에서 콕, 연소기 등은 사용자 시설이다.
④ 조정기는 조정 압력에 따라 여러 가지가 있으나 가정용 단단 감압 저압 조정기는 출구 압력이 280±50 mmH₂O 범위이다 (2.8±0.5 kPa).
  ㉮ 콕은 90° 회전시 개폐되는 구조로 해야 되며, 배관과 수평일 때에 열리는 것이다.
  ㉯ 기화기는 절대 직화식으로 해서는 안 된다.
    $C_3H_8$ : 자연 기화, $C_4H_{10}$ : 강제 기화
(2) ※ 안전거리는 고압가스의 가연성과 같고, 탱크 설치 기준 등도 LPG가 가연성이므로 고압가스의 가연성과 모든 기준이 같다.
① 소화전 호스 수압은 0.35MPa 이상, 방수 능력 400 L/분, 30분 이상 방사할 수 있는 능력을 갖추어야 한다.
② 통풍구 면적은 바닥 면적 1 m²당 300 cm³, 통풍 능력은 1 m²당 0.5 m³/분 이상
③ 단면적 $A\,\text{cm}^2 = \dfrac{\pi D^2}{4}$
  ㉠ 최대 지름부의 직경이 10 cm일 때 안전밸브의 분출 면적은?
    $\dfrac{3.14 \times 10^2}{4} \times 0.1 = 7.85\ \text{cm}^3$
④ 정전기 제거 조치를 해야 한다 (접지선 단면적 5.5 mm² 이상 저항치 100 Ω 이하, 피뢰 설비 설치시 10 Ω 이하).
⑤ 부취제 구비 조건
  ㉮ 독성이 없을 것
  ㉯ 일상 생활의 냄새와 구분되고 저농도에서도 식별 가능할 것
  ㉰ 완전 연소 후 유해가스를 발생시키지 말고 응축되지 않을 것
  ㉱ 부식성이 없고 화학적으로 안정할 것
  ㉲ 물에 녹지 않고 토양에 대해 투과성이 있을 것
  ㉳ 종 류
    ㉠ THT (테트라히드로티오펜) : 석탄가스 냄새
    ㉡ TBM (터시어리부틸메르캅탄) : 양파 썩는 냄새
    ㉢ DMS (디메틸설파이드) : 마늘 냄새
⑥ 가연성 LPG인 경우 폭발 하한의 1/4 농도 이하
⑦ 프로텍터나 캡을 설치

## 각종 가스의 내압

① 내압시험이란 기기, 기구 등 압력 용기에 대하여 제작 회사에서 완성 제품에 대하여 최초로 행하는 시험으로 액체 (물, 오일)로써 가압하며, 그 시험 압력에서 누설, 파괴, 변형 등이 없어야 합격하는 것으로 다음과 같이 각각 다르다.

| 가스명 | 내압시험압력 (kg/cm$^3$) | 가스명 | 내압시험압력 (kg/cm$^3$) |
|---|---|---|---|
| 산 소 | 250 | 액화염소 | 26 |
| 수 소 | 250 | 액화석유가스 | 30 |
| 질 소 | 250 | 액화산화에틸렌 | 10 |
| 액화탄산가스 | 200 | 액화부탄 | 9 |
| 아세틸렌 | 46.5 | 액화시안화수소 | 6 |
| 액화암모니아 | 37 | | |

TP (내압) = FP (최고충전압력)의 5/3 배

∴ FP = TP × 3/5

※ $C_2H_2$ 는 제외 : TP = FP × 3

산소의 경우 FP = 250 × 3/5 = 150 kg/cm$^2$이 된다.

기밀시험 : FP 이상, $C_2H_2$ FP × 1.8배, 저온 초저온 용기 FP × 1.1배

② 모든 가스는 임계온도 이하에서 액화한다.

### 액화 가능한 가스의 임계온도와 임계압

| 구 분 | 임계온도 | 임계압 |
|---|---|---|
| 탄산가스 ($CO_2$) | 31℃ | 72.9 kg/cm$^2$ |
| 암모니아 ($NH_3$) | 132.3℃ | 111.3 kg/cm$^2$ |
| 에탄 ($C_2H_6$) | 32.2℃ | 48.2 kg/cm$^2$ |
| 에틸렌 ($C_2H_4$) | 9.2℃ | 50 kg/cm$^2$ |
| 프로판 ($C_3H_8$) | 96.8℃ | 42 kg/cm$^2$ |
| 부탄 ($C_4H_{10}$) | 152℃ | 37.5 kg/cm$^2$ |
| 염소 ($Cl_2$) | 144℃ | 76.1 kg/cm$^2$ |
| 시안화수소 (HCN) | 183.5℃ | 53 kg/cm$^2$ |
| 프레온 12 ($CCl_2F_2$) | 111.7℃ | 39.6 kg/cm$^2$ |
| 포스겐 ($COCl_2$) | 183℃ | 56 kg/cm$^2$ |

③ 임계온도가 높은 가스가 액화 범위가 넓은 것이기 때문에 임계온도가 높은 가스가 액화가 용이하다. 반대로 임계압력이 낮은 가스는 적은 동력으로 액화시킬 수 있는 것이므로 임계압력이 낮은 가스가 액화하기 쉽다.

| 가스명 | 검지법 | 흡수 (중화)제 |
|---|---|---|
| 암모니아 | ① 염산에 의한 백염<br>② 유황 불꽃에 의한 백염<br>③ 리트머스 시험지<br>④ 검지관, 청색(물色) 시약품(검지색) | ① 물<br>② 황산이나 희염산 |

| 가스명 | 검지법 | 흡수 (중화)제 |
|---|---|---|
| 염 소 | ① 암모니아에 의한 백염<br>② 요오드화칼륨 전분지<br>③ 검지관, 청색 시약품 (검지색) | ① 소석회<br>② 석회유<br>③ 가성소다 용액<br>④ 경우에 따라서 물 또는 티오황산 소다액 |
| 시안화수소 | ① 초산벤젠 검지기<br>② 메틸오렌지, 염화제2수은 검지기<br>③ 알칼리 피크 레드 검지기<br>④ 검지관, 청색 시약품 (검지색)<br>⑤ 전기전도법 | ① 다량의 물<br>② 황산철의 가성소다 용액 |
| 포스겐 | ① 암모니아 용액에 의한 백염<br>② 해리슨씨 시약지<br>③ 검지관, 청색 시약품 (검지색) | ① 가성소다 또는 탄산소다의 알칼리 용액<br>② 물 |
| 황화수소 | ① 초산염 검지기<br>② 유광 광도법 | ① 다량의 물<br>② 가성소다의 알칼리 용액 |

 **요점정리**

### 1. 충전시설 중 저장설비의 경계거리
① 액화석유가스 충전시설 중 저장설비는 그 외면으로부터 사업소경계(사업소경계가 바다·호수·하천·도로 등과 접한 경우에는 그 반대편 끝을 경계로 본다. 이하 같다)까지 다음 표에 따른 거리 이상을 유지할 것

| 저장능력 | 사업소경계와의 거리 |
|---|---|
| 10톤 이하 | 24 m |
| 10톤 초과 20톤 이하 | 27 m |
| 20톤 초과 30톤 이하 | 30 m |
| 30톤 초과 40톤 이하 | 33 m |
| 40톤 초과 200톤 이하 | 36 m |
| 200톤 초과 | 39 m |

② 액화석유가스 충전시설 중 충전설비는 그 외면으로부터 사업소경계까지 24 m 이상을 유지할 것

### 2. LPG 시설과 화기의 우회거리

| 저장능력 | 화기와의 우회거리 |
|---|---|
| 1톤 미만 | 2m |
| 1톤 이상 3톤 미만 | 5m |
| 3톤 이상 | 8m |

비고: 2개 이상의 저장설비가 있는 경우에는 그 설비별로 각각 거리를 유지하여야 한다.

### 3. LPG 판매설비
(1) 배관이음매(용접이음매 제외)와 안전거리
   ① 60cm : 배관이음부 ⇔ 전기계량기, 전기 개폐기
   ② 30cm : 배관이음부 ⇔ 굴뚝,전기점멸기,전기접속기,절연조치를 하지 않는 전선
   ③ 10cm : 배관이음부 ⇔ 절연조치를 한 전선

### 4. LPG 사용시설
(1) 배관이음매(용접이음매 제외)와 안전거리
   ① 60cm : 배관이음부 ⇔ 전기계량기, 전기 개폐기
   ② 30cm : 배관이음부 ⇔ 굴뚝,전기점멸기, 전기접속기, 콘센트
   ③ 15cm : 배관이음부 ⇔ 절연조치를 하지 않는 전선
(2) 가스계량기
   ① 60cm : 가스계량기 ⇔ 전기계량기, 전기 개폐기 ,전기 안전기
   ② 30cm : 가스계량기 ⇔ 굴뚝, 전기점멸기, 콘센트
   ③ 15cm : 가스계량기 ⇔ 절연조치를 하지 않는 전선

## 3 도시가스

### (1) 용어의 정의

① 도시가스 사업 : 수요자에게 연료용 가스를 배관에 의해 공급하는 사업
  ㉮ 도매 사업 : 일반 가스 사업자나 대량 사용자에게 공급하는 업
  ㉯ 일반 사업 : 제조하거나 공급받아 배관으로 수요자에게 직접 공급하는 업
② 시설 구분
  ㉮ 공급 시설 : 제조·공급을 위한 시설 (가스미터까지)
  ㉯ 사용 시설 : 사용자 시설
③ 배관의 구분
  ㉮ 본관 : 사업소에서 정압기까지
  ㉯ 공급관 : 정압기에서 사용자의 토지 경계까지
  ㉰ 내관 : 토지 경계에서 연소기까지
④ 압력 구분
  ㉮ 고압 : 1 MPa 이상, 기화된 액화가스 0.2 MPa 이상
  ㉯ 중압 : 0.1 MPa 이상 10 MPa 미만, 기화된 액화가스 0.01 MPa 이상 0.2 MPa 미만
      A : 3 이상 10 kg/cm$^2$ 미만[0.3~1MPa]
      B : 1 이상 3 kg/cm$^2$ 미만[0.3MPa]
  ㉰ 저압 : 1 kg/cm$^2$ 미만, 기화된 액화가스 0.1 kg/cm$^2$ 미만

### (2) 시설·기술

[도매가스 사업]

제조소 외면으로부터 50 m, $L = C^3\sqrt{143000\ W}$ 중 큰 폭과 동등 이상 안전거리 유지 (52500 m$^3$/day 이하인 펌프 압축기, 응축기, 기화기 제외)
  여기서, $L$ : 유지해야 할 거리 [m], $C$ : 지하 탱크는 0.24 이외는 0.576
      $W$ : 저장 탱크톤의 제곱근 이외는 t

  ㉮ 500 t 이상 방류둑 설치
  ㉯ 5000 L 이상 탱크는 10 m 이상에서 조작 가능한 긴급 차단 장치 설치
  ㉰ 배관 해저에 설치시 30 m 수평 거리 유지

[일반가스 사업]

㉮ 안전거리 : 고압 20 m 이상 유지, 중압 10 m 이상 유지, 저압 5 m 이상 유지 발생기 홀더에서 사업소 경계까지

㉯ 시 험
  ㉠ 내압시험 : 최고 사용 압력×1.5
  ㉡ 기밀시험 : 최고 사용 압력×1.1

㉰ 300 m² 이상인 홀더는 안전거리 유지

㉱ 긴급 차단 장치 5 m 이상 조작

㉲ 100 mm 이상의 노출 배관은 충격 손상 방지 조치

㉳ 누설 검사 : 매몰된 배관은 3년에 1회 이상, 고압인 경우는 1년에 1회 이상 (특정 가스 시설)

㉴ 가스 계량기는 최대 소비량의 1.2배 이상일 것 (화기는 2 m, 전선과는 15 cm, 개폐기 안전기 60 cm 거리 유지)

㉵ 가스 사용 시설은 최고 사용 압력의 1.1배나 840 mmH$_2$O (8.4 kPa)

## (3) 기타 사항

① 정압기 입출구에는 차단 장치, 출구에는 압력 상승시를 대비해서 경보 장치, 지하설치시 침수 방지 조치를 할 것 (입구측에는 수분이나 불순물 제거 장치)

② 일반 도시가스 사업의 정압기(도시가스사업법 시행규칙 [별표6])
정압기는 설치 후 2년에 1회 분해점검, 일주일에 1회 이상 작동 상황 점검
[참고] 도시가스 사용시설의 정압기 필터(도시가스사업법시행규칙 제17조 [별표7])

③ 열량 측정 (융커스식) : 매일 오전 6시 30~9시, 오후 17시~20시 30분

④ 압력 측정
  • 위치 : 가스홀더 출구, 정압기 출구, 공급 시설의 끝부분
    ▶ 100~250 mmH$_2$O(1kPa~2.5kPa)

⑤ 연소성 측정
  • 매일 6시 30분~9시, 17시~20시 30분
    ▶ $C_P = K \dfrac{1.0H_2 + 0.6(CO + C_mH_n) + 0.3 CH_4}{\sqrt{d}}$

  여기서, $C_P$ : 연소속도, $H_2$ : 수소 함유율 %
  CO : 일산화탄소 함유율 [용량 %], $C_mH_n$ : 탄화수소 함유율 [용량 %]

$CH_4$ : 메탄 함유율 [용량%], $d$ : 도시가스 비중

$K$ : 산소 함유율에 따른 수치. 값이 클수록 연소속도가 빠르다.

**✿ 웨버지수**

$$W_I = \frac{H_g}{\sqrt{d}}$$

여기서, $W_I$ : 웨버지수
$H_g$ : 총발열량 [kcal/m³]
$d$ : 도시가스의 공기에 대한 비중

수치가 클수록 속도가 빠른 것이며, 표준 웨버지수의 ±4.5% 이내로 유지

⑥ 정압기, 필터는 설치 후 3년까지는 1회 이상, 그 이후에는 4년에 1회 이상 분해점검을 실시하고 사고예방설비는 점검분해 및 작동상황을 주기적으로 점검한다.

유해성분 (주 1회 측정)

㉮ 가스홀더나 정압기 출구에서 측정

㉯ 0℃, 1.013250bar의 압력에서 건조한 가스 1m³당 S : 0.5g, $NH_3$ : 0.2g, $H_2S$ : 0.02g을 초과하면 안 된다.

⑦ 압력조정기기는 매 1년에 1회 이상(필터나 스트레이너의 청소는 설치 후 3년까지는 1회 이상, 그 이후에는 4년에 1회 이상) 안전점검을 실시한다.

[참고] 일반도시가스 사업의 정압기와 도시가스 사용시설의 정압기 필터는 다름(별표6과 별표7 차이가 있음)

(1) ① 의 도매 가스 사업자는 한국가스공사이며, 일반 사업자는 각 지역의 도시가스 회사들
  ※ 대량 사용자 : 월 10만 m³ 이상 사용자, 발전용으로 사용하는 자, LNG 탱크를 설치하고 사용하는 자
(2) 중압 구분
  ㉮ $A$ : 3 이상 10 미만  ㉯ $B$ : 1 이상 3 미만

## 1. 압력조정기 설치 기준
(1) 도시가스 공동주택의 압력조정기 설치 기준
  ① 중압인 경우 : 150세대 미만
  ② 저압인 경우 : 250세대 미만
(2) 도시가스 배관의 설치 안전 기준
  ① 배관을 매설하는 경우에는 설치 환경에 따라 다음 기준에 따른 적절한 매설 깊이나 설치간격을 유지할 것
    ㉮ 공동주택등의 부지 안에서는 0.6m 이상

㉯ 폭 8m 이상의 도로에서는 1.2m 이상. 다만, 도로에 매설된 최고사용압력이 저압인 배관에서 횡으로 분기하여 수요가에게 직접 연결되는 배관의 경우에는 1m 이상으로 할 수 있다.
㉰ 폭 4m 이상 8m 미만인 도로에서는 1m 이상으로 한다.
(다만, 다음 어느 하나에 해당하는 경우에는 0.8m 이상으로 할 수 있다.)

## 2. 도시가스 사용시설 안전 거리 기준

(1) 배관이음매(용접이음매 제외)와 안전거리
① 60cm : 배관이음부 ⇔ 전기계량기, 전기 개폐기
② 30cm : 배관이음부 ⇔ 굴뚝, 전기점멸기, 전기접속기, 콘센트
③ 15cm : 배관이음부 ⇔ 절연조치를 하지 않는 전선
④ 10cm : 배관이음부 ⇔ 절연조치를 한 전선

(2) 가스계량기
① 60cm : 가스계량기 ⇔ 전기계량기, 전기 개폐기
② 30cm : 가스계량기 ⇔ 굴뚝, 전기점멸기, 콘센트, 전기접속기
③ 15cm : 가스계량기 ⇔ 절연조치를 하지 않는 전선

(3) 도시가스공급시설 기준(배관이음매(용접이음매 제외)와 안전거리)
① 30cm : 배관이음부 ⇔ 절연조치를 하지 않는 전선
② 10cm : 배관이음부 ⇔ 절연조치를 한 전선

## ✿ 법령관련 자료

(1) 정압기/압력조정기 분해점검 관련법
① 도시가스사업법 시행규칙 제17조 [별표 7]
② 가스사용시설의 시설·기술·검사기준

(2) 압력조정기 안전점검 관련 규정
① 압력조정기 안전점검 관련 규정
   1. 배관 및 배관설비
     나. 기술기준
      2) 가스사용시설에 설치된 압력조정기는 매 1년에 1회 이상(필터나 스트레이너의 청소는 설치 후 3년까지는 1회 이상, 그 이후에는 4년에 1회 이상) 압력조정기의 유지·관리에 적합한 방법으로 안전점검을 실시할 것
② 정압기 분해점검 관련 규정
   1. 정압기
     나. 기술기준
      2) 정압기와 필터의 경우에는 설치 후 3년까지는 1회 이상, 그 이후에는 4년에 1회 이상 분해점검을 실시하고, 사고예방설비 중 도시가스의 안전을 확보하기 위하여 필요한 시설이나 설비에 대하여는 분해 및 작동상황을 주기적으로 점검하고, 이상이 있을 경우에는 그 시설이나 설비가 정상적으로 작동될 수 있도록 필요한 조치를 할 것

# PART 03 가스설비

❶ 고압장치의 종류
❷ 고압장치의 요소
❸ 고압가스 저장탱크
❹ 안전밸브와 고압장치 재료
❺ 저온장치
❻ 가스설비

# 03 가스설비

## 1 고압장치의 종류

### 1.1 압축기

**(1) 압축기 이론**

① 피스톤 압출량 : 이론적인 값이며, 단위시간에 이론적으로 토출시킬 수 있는 압축기의 피스톤 체적이다.

㉮ 왕복동식의 경우

$$V = \frac{\pi}{4} D^2 \cdot L \cdot N \cdot R \cdot 60$$

여기서, $V$ : 1시간당 피스톤 압출량 ($m^3/h$), $D$ : 실린더의 안지름 (m)
$L$ : 피스톤의 행정 (m), $N$ : 기통 수, $R$ : 압축기의 매분 회전수 (rpm)

㉯ 회전식의 경우

$$V = \frac{\pi}{4} \cdot (D^2 - d^2) \cdot t \cdot R \cdot 60$$

여기서, $V$ : 1시간의 피스톤 압출량 ($m^3/h$), $t$ : 회전피스톤의 가스압축 부분의 두께 (m)
$R$ : 회전피스톤의 1분간의 표준회전수 (rpm), $D$ : 피스톤 기통의 안지름 (m)
$d$ : 회전피스톤의 바깥지름 (m)

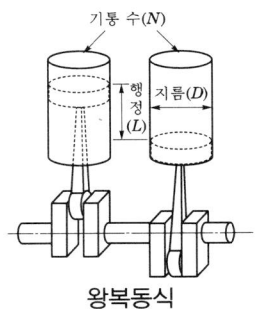

왕복동식

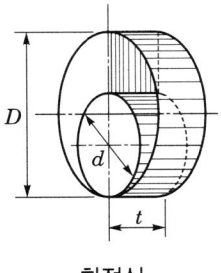

회전식

① $\frac{\pi}{4}$=약 0.785이므로 $V=0.785D^2 \cdot L \cdot N \cdot R \cdot 60$의 식으로 계산하면 간단하다.
② 문제에서 보통 $D$, $L$은 mm 단위로 주어지므로 $V$의 값이 $m^3/h$ 단위일 때는 반드시 mm를 m로 환산하여 계산해야 한다 (1 mm = 0.001 m).
③ 보통 산식에서 rpm의 기초 'R'을 'N'으로 사용하는데, 이것은 약속기호이므로 어느 것으로 하여도 관계없다.

② 체적효율($\eta V$) : 부피효율 : 용적효율이라고도 하며, 이것은 이론적인 피스톤 압출량과 실제적인 피스톤 압출량과의 비율이다.

$$\eta V = \frac{\text{실제적인 흡입가스량}}{\text{이론적인 피스톤 압출량}}$$

㉮ 흡입효율($\eta V_s$) = $\frac{\text{실제적인 흡입가스량}(kg/h,\ m^3/h)}{\text{이론적인 흡입가스량}(kg/h,\ m^3/h)}$

㉯ 토출효율($\eta V_d$) = $\frac{\text{토출된 상태의 흡입된 상태의 부피}}{\text{흡입된 가스의 실제부피}}$

① 실제적인 피스톤 압출량($V_s$) : $V_s = V \cdot \eta V$
② $\eta V$는 클수록 좋다 ($\eta V < 1$).
③ 체적효율이 나빠지는 요인 : 상부 틈새가 클수록, 압축비가 클수록, 기둥 체적이 작을수록, 회전수가 빠를수록, 체적효율이 나빠진다.

③ 왕복동 압축기의 소요동력과 효율

㉮ 압축효율 ($\eta_C$) = $\frac{\text{이론동력(이론상 가스압축에 필요로 하는 동력)}(N)}{\text{지시동력(실제로 가스압축시 필요로 하는 동력)}(N')}$

※ 회전수가 빠른 압축기일수록 피스톤의 저항으로 인하여 $\eta_C$는 작아진다.

㉯ 기계효율 ($\eta_m$) = $\frac{\text{지시동력}(N')}{\text{축동력(압축기의 운전에 필요로 하는 동력)}(N_s)}$

**✿ 효율과 동력 관계**

$$N' = \frac{N}{\eta_C},\ N_s = \frac{N'}{\eta_m} = \frac{N}{\eta_C \cdot \eta_m}$$

④ 가스의 압축방식

㉮ 등온압축 : $PV^n$ = 일정. 압축하는 동안 가해지는 열량을 방출하는 상태에서

압축 전후의 온도 차가 없도록 하는 압축방식이다. 그러나 실제로는 불가능한 압축이며, 일량, 온도 상승이 최소가 된다.

$$P_1 V_1^2 = P_2 V_2^n \ (n = 1)$$

$$\frac{P_2}{P_1} = \frac{V_1}{V_2}$$

여기서, $P_1$ : 압축 전의 가스압력 (kg/cm² · a),
$P_2$ : 압축 후의 가스압력 (kg/cm² · a),
$V_1$ : 압축 전의 체적 (m³), $V_2$ : 압축 후의 체적 (m³)

㉯ 단열압축 : 실린더를 완전하게 열전연하고, 가스 압축 중에 열이 외부로 방출되지 않게 해서 압축하는 방법이며, 소요일량, 온도의 상승, 압력의 상승 비율이 가장 크나 실제적으로 불가능한 압축이다.

$$P_1 V_1^k = P_2 V_2^k \ (k = C_P / C_V)$$

※ 단열압축일량

$$W_1 = \frac{R}{R-1}(T_2 - T_1) = \frac{r}{r-1} P_1 V_1 \left\{ \left(\frac{P_2}{P_1}\right)^{\frac{r-1}{r}} - 1 \right\}$$

여기서, $r$ : 단열지수 ($C_P/C_V$), $R$ : 가스정수 ($\frac{848}{분자량}$ kg · m/kg · K)
$T_2$ : 압축 후 가스의 절대온도(K), $T_1$ : 압축 전 가스의 절대온도(K)

㉰ 폴리트로프압축 : 실제적인 압축방식이며, 등온압축과 단열압축의 중간형태의 압축방식으로 압축 중에 가해지는 열량, 온도의 상승, 압력의 상승은 중간이나 단열압축으로 취급한다.

$$P_1 V_1^n = P_2 V_2^n$$
$$1 < n < \frac{C_p}{C_v}$$

여기서, $C_P$ : 정압비열, $C_V$ : 정적비열, $C_P/C_V$ : 비열비
$n$ : 폴리트로픽지수

㉱ 등온효율 = $\dfrac{\text{등온압축일량}}{\text{단열압축일량}} = \dfrac{\text{등온압축일량}}{\text{폴리트로프 압축일량}}$

제3편 가스설비

**✿ 압축방식의 비교**

| 비교 \ 방식 | 등온 | 폴리트로픽 | 단열 |
|---|---|---|---|
| $PV^n$의 지수값 | $n=1$ | $1<n<k$ | $n=k=C_P/C_V$ |
| 압축일량 압축열량 | 소 | 중 | 대 |
| 압축 후 가스의 온도 | 저 | 중 | 고 |

⑤ 압축비

㉮ 1단압축일 때

$$r = \frac{P_2}{P_1}$$

여기서, $r$ : 압축비, $P_2$ : 토출 절대압력 (kg/cm² · a)
$P_1$ : 흡입 절대압력 (kg/cm² · a)

㉯ 다단압축일 때

$$r = \sqrt[z]{\frac{P_e}{P_1}}$$

여기서, $r$ : 각 단의 압축비, $Z$ : 단수
$P_e$ : 최종압력 (kg/cm² · a) 또는 최종절대압력
$P_1$ : 흡입압력 (kg/cm² · a) 또는 최초절대압력

㉰ 피스톤력 : 토출행정 때에 실린더 내에서의 가스압력에 의해 피스톤에 가해진 힘을 말한다.

$$P = P_n F_n \times 10^4$$

여기서, $P$ : 피스톤력 (kg), $P_n$ : n 단의 토출력 (kg/cm²)
$F_n$ : n 단의 피스톤의 유효면적 (m²)

**✿ 압력 손실을 고려할 때 압축비**

$$r = k \cdot \sqrt[z]{\frac{P_e}{P_1}} \ (k = 압력\ 손실의\ 크기 ≒ 1.10)$$

⑥ 토출가스온도 : 최초온도 10℃, 압력 1 kg/cm² · a, 공기 (k = 1) 1 m3을 15 kg/cm² · a의 압력으로 올리며, 1단에서 5 kg/cm² · a까지 올리고 중간 냉각하여 15 kg/cm² · a의 압력으로 압축한다.

㉮ 다단압축

$$T_2 = T_1 \cdot \left(\frac{P_2}{P_1}\right)^{\frac{k-1}{k}} = (273+10)\left(\frac{15}{1}\right)^{\frac{1.4-1}{1.4}}$$

$$= 283 \times 15^{\frac{1.4-1}{1.4}} = 613.5 \, \text{K} = 340 \, ℃$$

㉯ 2단압축 (1단에서 단열압축 때의 토출온도)

$$T_2 = T_1 \cdot \left(\frac{P_2}{P_1}\right)^{\frac{k-1}{k}} = (273+10)\left(\frac{15}{1}\right)^{\frac{1.4-1}{1.4}}$$

$$= 283 \times 5^{\frac{1.4-1}{1.4}} = 448 \, \text{K} = 175 \, ℃$$

㉰ 2단압축 (최초의 온도 10℃까지 냉각한 후 2단에서 15 kg/cm² · a까지 압축)

$$T_3 = T_2 \cdot \left(\frac{P_3}{P_2}\right)^{\frac{k-1}{k}} = (273+10)\left(\frac{15}{5}\right)^{\frac{1.4-1}{1.4}}$$

$$= 283 \times 3^{\frac{1.4-1}{1.4}} = 387 \, \text{K} = 114 \, ℃$$

### ✿ 토출가스 온도의 상승요인

$$T_2 = T_1\left(\frac{P_2}{P_1}\right)^{\frac{k-1}{k}}$$

① 흡입가스 온도($T_1$)가 높을수록 ─┐
② 압축비$\left(\frac{P_2}{P_1}\right)$가 클수록 ─── 토출가스 온도가 상승한다.
③ 비열비($k$)가 클수록 ─┘

⑦ 압축기를 냉각할 때 얻는 효과
  ㉮ 체적효율이 증가한다.
  ㉯ 압축효율이 증가되어 동력이 감소한다.
  ㉰ 윤활기능이 향상되고 적당한 점도가 유지된다.
  ㉱ 윤활유의 열화나 탄화를 막는다.
  ㉲ 피스톤링 축수부 등 습품 부품의 수명을 유지시킨다.
⑧ 다단압축과 압축비의 영향
  ㉮ 다단압축의 채용 목적과 압축비의 영향

1단으로 고압축비를 얻고자 할 때 압축비가 크면 다음과 같은 영향이 미치므로 압축기를 몇 개의 단으로 나누어서 압축하며, 각 단의 사이에는 중간냉각기를 설치한다.

[압축비가 클 때의 영향]
- 압축일량이 커지므로 토출가스 온도가 상승
- 실린더 과열로 오일 탄화
- 압축기 과열로 체적효율 감소
- 체적효율 감소로 압축기의 능력 저하

④ 다단압축 채용 때의 장점
　㉠ 소요일량의 절감
　㉡ 중간냉각으로 온도의 상승을 피할 수 있다.
　㉢ 힘의 평형을 이룬다.
　㉣ 압축비가 작아지며, 효율 (압축효율, 체적효율)이 증가한다.

✿ **중간냉각기**
각 단에서 발생하는 열을 제거하여 다음 단 압축기의 과열운전을 피한다.

⑨ 압축사이클
㉮ 흡입행정
　㉠ 피스톤의 상사점에서 토출밸브는 닫히고 피스톤의 하향운동에 따라서 흡입밸브는 열리기 시작한다 (이때, 실제로 가스흡입은 없다).
　㉡ 피스톤이 B점까지 하강하는 동안 클리어런스 내의 가스가 팽창하여 실제의 흡입압력까지 감압할 때까지는 가스의 흡입작용이 없고 '유효행정'이다.
　㉢ 피스톤이 B점 → C점까지는 가스가 실린더 내로 흡입된다. 이렇게 하여 하사점에서 흡입밸브는 닫히고 흡입행정은 끝난다.

㉯ 압축행정
　㉠ 피스톤이 하사점 (C)에 있을 때 흡입밸브는 닫히고 토출밸브는 열린다.
　㉡ 피스톤 C → D로 상승하는 동안 실린더 내의 가스압력은 점차 상승한다.
　㉢ D점에서 소요의 토출압력에 도달하면 토출밸브는 열리기 시작하며, 압축가스는 토출된다.

㉣ D → A까지 이르는 동안 압축가스는 일정한 압력으로 토출되어 상사점에 오면 압축행정이 끝나게 된다.

① **이론 사이클의 경우 (효율 100 %)**
구동원에서 일을 전달받아서 피스톤을 작동함으로써 가스를 흡입하고 압축하여 외부로 내보내는 일에만 쓰이고 피스톤 상부에 간극이 없으며, 압축후의 압력은 항상 일정
- 흡입행정 $4 \to 1$ (소요일 : $4-1-x_1-0$)
- 압축행정 $1 \to 2$ (소요일 : $1-2-x_2-x_1$)
- 토출행정 $2 \to 3$ (소요일 : $2-3-0-x_1$)

② **유휴행정은 작을수록 체적효율이 커진다.**

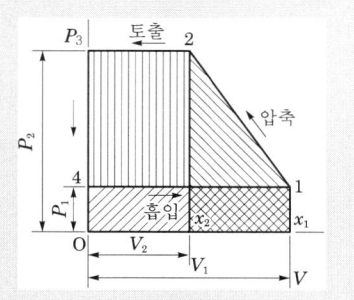

### (2) 압축기의 종류

① 용적형 : 일정용적의 실린더 내에 기체를 흡입하고, 흡입구를 닫아서 기체의 용적을 줄임으로써 승압시켜서 토출구로 압출한다.

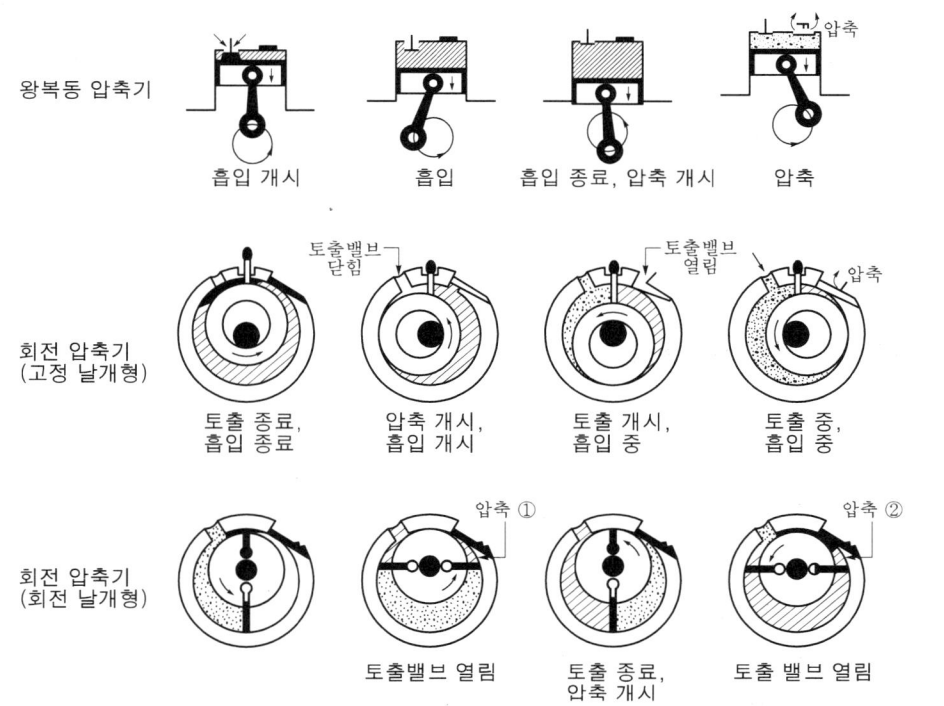

㉮ 회전식 : 로터의 회전에 의하여 일정용적 내의 기체를 압축하며 로터의 형태에 따라 나사형, 베인형의 고정익, 회전익형, 루츠형이 있다.

㉯ 왕복식 : 피스톤의 왕복운동에 의해 가스를 압축한다.

㉰ 다이어프램형 : 격막의 상하 운동으로 기체를 압축한다.

① 압력의 구분 (토출압력 기준)
- $0.1\,kg/cm^2$ $(1000\,mmH_2O)$ 미만 : 팬
- $0.1\,kg/cm^2$ 이상 $1\,kg/cm^2$ 미만 : 블로어
- $1\,kg/cm^2$ 이상 : 압축기

② 사용 용도별 구분
- 배풍기 : 대기압 부근의 흡입압력으로 배풍한다.
- 진공압축기 : 대기압보다 상당히 낮은 압력에서 압축하여 진공상태를 얻는 것
- 통풍기 : 통풍 목적의 팬

② 터보형 : 기계적인 에너지를 회전에 의하여 기체의 압력과 속도에너지로 전환하고 압력을 높인다. 원심식과 축류식이 있다.

㉮ 원심식 : 케이싱 내의 임펠러가 회전하면 기체가 원심력의 작용에 의해 임펠러의 중심부에서 흡입되어 외부에 토출되고, 그 때 압력과 속도에너지를 얻는다.

㉯ 축류식 : 선박, 항공기의 프로펠러처럼 축방향으로 흡입하고 축방향으로 토출한다.

✿ 원심식 압축기의 분류 (임펠러의 출구간을 기준)
- $90°$ : 레이디얼형
- $90°$ 이상 : 다익형
- $90°$ 이하 : 터보형

## (3) 압축기의 구조 및 특징

① 왕복동식 압축기

㉮ 특징

㉠ 윤활유식 (급유식) 또는 무급유식이다.

㉡ 토출가스에 맥동이 발생한다.

㉢ 토출압력에 의한 용량의 변화가 적다.

㉣ 용적형으로 쉽게 고압이 형성된다.

㉤ 용량의 조절범위가 넓다 (0~100 %).

ⓗ 압축효율이 높다.
ⓢ 접촉부가 많아서 소음, 진동이 많다.
ⓞ 저속회전에 사용한다.
ⓩ 가격이 고가이며 설치면적이 넓다.
ⓒ 반드시 흡입, 토출밸브가 필요하다.
ⓚ 압축작용이 단속적이다.

① 흡입축 서비스 밸브  ⑨ 샤프트실
② 토출측 서비스 밸브  ⑩ 다스트실
③ 토출 밸브          ⑪ 윤활유 흡입구
④ 흡입 밸브          ⑫ 윤활유 펌프
⑤ 실린더            ⑬ 밸런스 웨이트
⑥ 피스톤 링          ⑭ 내기어식 윤활유 펌프
⑦ 볼베어 링          ⑮ 패킹
⑧ 샤프트실(室)        ⑯ 소음실

ⓑ 왕복동 압축기의 용량제어법
  ㉠ 연속적인 용량제어법
    • 흡입밸브를 폐쇄하는 방법
    • 타임 밸브 제어에 의한 방법
    • 흡입밸브 개방에 의한 방법
    • 회전수를 변경하는 방법
    • 바이패스 밸브로 압축가스를 흡입측에 복귀시키는 방법
  ㉡ 단계적인 용량제어법
    • 클리어런스 밸브로 부피효율을 낮추는 방법 (수동으로 부하에 따라 단계적으로 실린더의 클리어런스를 증감하여 용량을 조절한다.)
    • 흡입밸브를 개방하는 방법 (수동, 유압, 공기압에 의해 부하에 따라 차례로 흡입밸브를 개방한다.)

ⓒ 왕복동 압축기의 부품 구성
  ㉠ 실린더와 압축기의 본체 : 실린더는 조밀하고 고급주철로 만들며 실린더와 피스톤의 간극은 지름의 1/1000 정도가 보통이다.
  ㉡ 피스톤 및 피스톤링 : 고급주철로 만들고 피스톤 핀은 보통 표면강화하여 표면만이 단단한 종류의 강으로 만들어지며, 흡입밸브는 실린더 헤드(cylinder head)에 설치한다.
  ㉢ 커넥팅 로드(connecting rod) : 커넥팅 로드는 피스톤 연결봉으로 단강 또는 주강이다. 단면은 H자형으로 만들고, 견고하고 가볍게 만드는 경우가 많다.
  ㉣ 크랭크축(crank shaft) : 소형은 주강제의 것이 많으나 단강제를 많이 사용하고, 크랭크축도 축수가 이완되면 크랭크축을 파손하는 원인이 된다. 또한, 패킹(packing)이 마모한 때의 몰딩작업은 열로 인하여 축에 균열이나 휨이 생기는 수가 있으며, 이로 인하여 축이 절손하는 일이 있으므로 주의해야 한다.

## 제3편 가스설비

ⓐ 밸브(valve) : 밸브는 압축기의 심장이다. 밸브가 불량하면 압축기의 능률이 현저하게 악화된다. 가장 많이 사용되는 밸브는 포핏밸브(poppet valve), 플레이트 밸브(plate valve), 리드 밸브(reed valve)가 있다.

ⓑ 크랭크 케이스(crank case) : 고급주철로 만들며, 내부의 점검을 용이하게 할 수 있는 동시에 축수 조절을 용이하게 할 수 있는 핸드볼을 설치한 것도 있다. 크랭크 케이스의 하부는 보통 윤활유 탱크로 유면계를 설치한다.

ⓒ 축봉장치(shaft seal) : 크랭크축이 크랭크 케이스를 통과하는 부분에는 크랭크 케이스 내의 가스가 외부로 누출하지 못하게 하는 장치이다.

㉔ 흡입ㆍ토출밸브의 구비조건
  ㉠ 개폐시 지연이 없고 작동이 경쾌할 것
  ㉡ 충분한 통과면적을 가지고 유체의 저항이 적을 것
  ㉢ 운전 중 분해하는 경우가 없을 것
  ㉣ 파손이 적을 것

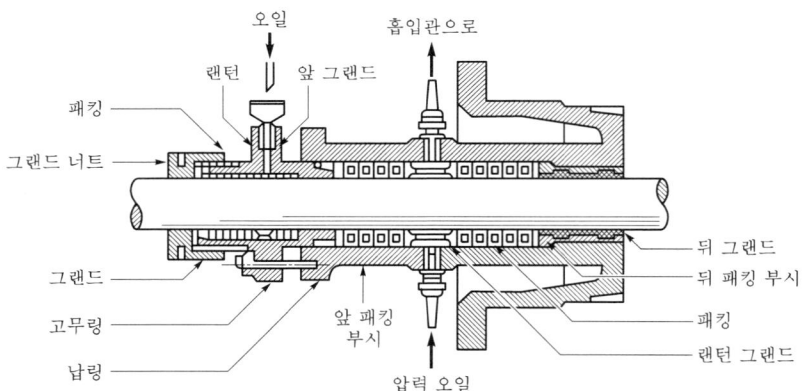

 **요점정리**

### ✿ 왕복동식 압축기의 각종 구분

① 압축방식
  • 단동식 : 한쪽에서만 압축, 복동식 : 양쪽에서 압축
② 단수
  • 1단 : 소요압력까지 1단으로 압축, 2단 : 소요압력까지 2단으로 압축, 다단 : 소요압력까지 다단압축
③ 윤활방식
  • 강제급유식 : 기어펌프 사용, 비밀급유식 : 축(샤프트)을 이용, 실린더 윤활식 실린더 무윤활식

④ 작동방법
  • 직결형 : 커플링 구동식, 감속형 : 밸브, 감속기 등 사용
⑤ 설치방법
  • 정치식, 교반식
⑥ 형태(실린더)
  • 수직형 : 입형, 수평형 : 횡형

② 회전식 압축기

회전식 압축기는 왕복식과 달리 흡입밸브가 없으며, 따라서 회전방향이 일정해야 한다.

㉮ 특징

  ㉠ 회전날개형과 고정날개형 압축기가 있다.
  ㉡ 용적 (부피)형이며, 기름윤활방식으로서 소용량이며 널리 쓰인다.
  ㉢ 왕복압축기에 비교하면 부품수가 적고 흡입밸브가 없어 구조가 간단하다.
  ㉣ 고압축비를 얻으며, 베인의 회전에 의해 압축하여 고진공을 얻을 수 있다.
  ㉤ 크랭크 케이스 내는 고압이므로 마찰부의 가공에 내마모성이 있어야 한다.
  ㉥ 직결구동이 용이하고, 압축작용이 연속적이다.

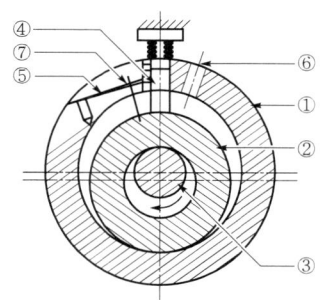   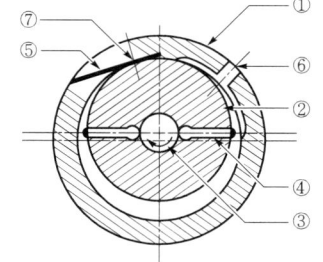

① 실린더  ② 회전자  ③ 회전축  ④ 블레이드
⑤ 토출밸브  ⑥ 흡입구  ⑦ 토출구

① 실린더  ② 회전자  ③ 편심축  ④ 베인
⑤ 토출밸브  ⑥ 흡입구  ⑦ 토출구

㉯ 종류별 특징

  ㉠ 고정날개형 : 회전자가 편심으로 조립되고 편심축의 회전에 의하여 원통형 회전자가 실린더의 벽을 밀착하면서 회전하는 것이며, 고압, 저압 사이를 차단하는 블레이드 (blade)는 실린더의 홈 속에서 스프링 또는 가스의 압력으로 회전자에 밀착하고 있다. 편심된 회전자가 돌면 냉매가스는 블레이드의 우측 공간에 흡입되어 압축되고, 블레이드 반대쪽으로 토출된다.

| 구 분 | 왕복식 | 회전식 |
|---|---|---|
| 회전방향 | 무관 | 일정 |
| 압축작용 | 단속적 | 연속적 |
| 회전수 | 저속 | 고속 |
| 진동 | 크다 | 작다 |
| 체적효율 | 나쁘다 | 좋다 |
| 흡입밸브 | 있다 | 없다 (흡입구가 있다) |

   ⓒ 회전날개형 : 회전자가 축과 동심으로 조립되어 회전자와 실린더가 편심이 되어 있고, 회전자의 홈에 두 개 이상의 베인(vane)이 삽입되어 있으며, 이 베인은 유압, 가스압, 스프링 원심력에 의하여 실린더 내의 벽면에 밀착하여 회전자의 회전에 따라 지름방향으로 운동한다.

 ③ 원심식 터보 압축기

  ㉮ 특징

   ㉠ 유량이 크므로 고정면적을 작게 차지한다.

   ㉡ 고속회전이 가능하므로 모터 회전축에 직결하여 사용할 수 있다.

   ㉢ 연속 토출로 맥동이 적다.

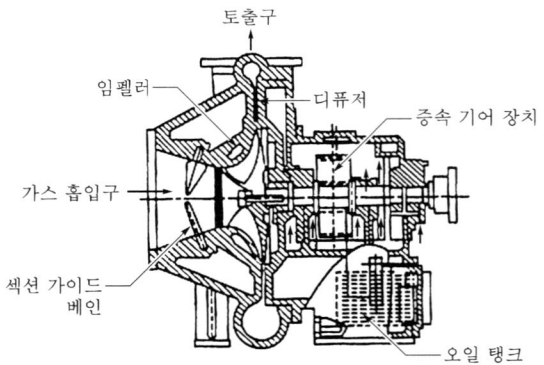

원심식 압축기의 구조

ⓔ 윤활유가 불필요하므로 기체에 기름의 혼합이 적다.
　　ⓜ 압축비가 적어 효율이 낮다.
　　ⓗ 다단식은 압축비를 높일 수 있으나 설비비가 고가이다.
　　ⓢ 용량의 조정범위는 비교적 좁고 (70~100 %) 어려운 편이다.
　　ⓞ 운전 중 서징현상에 대하여 주의해야 한다.

> **요점정리**
> ✿ **원심식 도면 해설**
> 그림과 같이 회전축상에 임펠러를 설치하고 축을 1000~8000 rpm으로 고속 회전시키면 가스는 축방향에서 임펠러에 흡입되어 임펠러 안의 베인 사이를 통과하게 되며, 이때 원심력에 의하여 가스의 속도가 증가하여 임펠러에서 나온다. 임펠러 주위에는 고정된 디퓨저가 있어서 가스가 그곳에 들어가면 속도가 압력으로 변하게 되므로 압축이 되는 것이다.

　(나) 용량 제어방법
　　㉠ 속도제어로 조정 : 변속이 가능한 원동기로 구동되는 경우에는 회전수를 바꿈으로써 다음의 법칙에 따라 변화시킨다.

$$Q \propto N, \ H \propto N^2, \ KW \propto N^3$$

　　㉡ 토출밸브에 의한 조정 : 토출관에 설치한 개도를 조절함으로써 송풍량을 조정하는 방법이다.
　　㉢ 흡입밸브에 의한 조정 : 흡입관에 설치한 개도를 조절함으로써 송풍량을 조정하는 방법이다. 주로 대기압을 흡입하는 압축기에 많이 사용한다.
　　㉣ 베인 컨트롤에 의한 방법 : 임펠러의 입구에 방사선상으로 놓인 베인의 각도를 조정함으로써 임펠러의 유입각도를 바꾸면 특성을 변화시킬 수 있다.
　　㉤ 바이패스에 의한 조정 : 토출관로의 도중에 바이패스관로를 설치하고 토출풍량의 일부를 흡입에 복귀시키거나 또는 대기에 방출한다.
④ 축류압축기
　(가) 동익과 정익의 조합형태로서 다음의 세 구간으로 구성된다.
　　㉠ 증속구간 : 흡입구에서 익열 전까지
　　㉡ 증가구간 : 익열에서의 에너지 증가
　　㉢ 감속구간 : 익열 후의 디퓨저에서 토출구까지

㉯ 특징
　㉠ 동익 (가동익)식인 경우 날개의 각도 조절에 의하여 축동력을 일정하게 한다.
　㉡ 효율이 나쁘다.
　㉢ 압축비가 작아서 공기조화 설비용으로 사용된다.

 ✿ **축류압축기의 날개 배열**

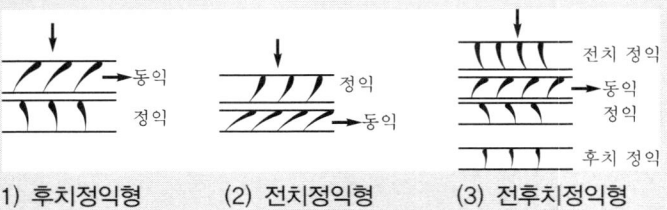

㉰ 베인의 배열
　㉠ 후치정익형 : 축방향으로 유입하고 동익에 의해 굽혀지며, 후치정익에 의해 축방향으로 돌려서 유입하는 형식이다.
　　※ 1단 팬에 많이 사용한다.
　㉡ 전치정익형 : 축방향으로 유입되나 최초의 놓여진 전치정익에 의해 동익의 회전방향과 역방향으로 흐름을 굽히고 동익에 의해 축방향으로 되돌려 준다 (방출된다).
　　※ 효율은 낮고 압력은 높다.
　㉢ 전후치정익형 : 축방향으로 유입한 전치정익에서 회전방향으로 굽히고 동익에서 다시 동익방향으로 굽혀진 양만을 정익에서 원형으로 되돌리는 형식이다.

 ✿ **축류압축기의 반동도**
　① 후치정익형 : 80~100 %
　② 전치정익형 : 100~120 %
　③ 전후치정익형 : 40~60 %

⑤ 나사압축기 (스크루압축기)
　㉮ 특징
　　㉠ 나사압축기라고도 하며, 용적 (부자)형이다.
　　㉡ 흡입, 압축, 토출의 3행정을 가지고 있다.
　　㉢ 오일리스 압축기로 개발된 것으로 무급유식 또는 급유식이나 효율은 일반적

으로 낮다.

ⓔ 고속회전이므로 기체에 맥동이 없고 연속적이며, 경량, 중용량 및 대용량까지 적당하다.

ⓜ 기초설치면적이 작고 기계적 접속부는 베어링뿐이지만 증폭장치를 가진 경우에는 터보압축기보다 베어링이 많다.

ⓗ 토출압력에 의한 용량 변화가 적고 (70~100 %) 소음방지장치가 필요하며, 토출압력은 30 kg/cm$^2$이다.

ⓢ 암(female) 및 수(male)의 치형을 가진 두 개의 모터의 맞물림에 의해 압축한다.

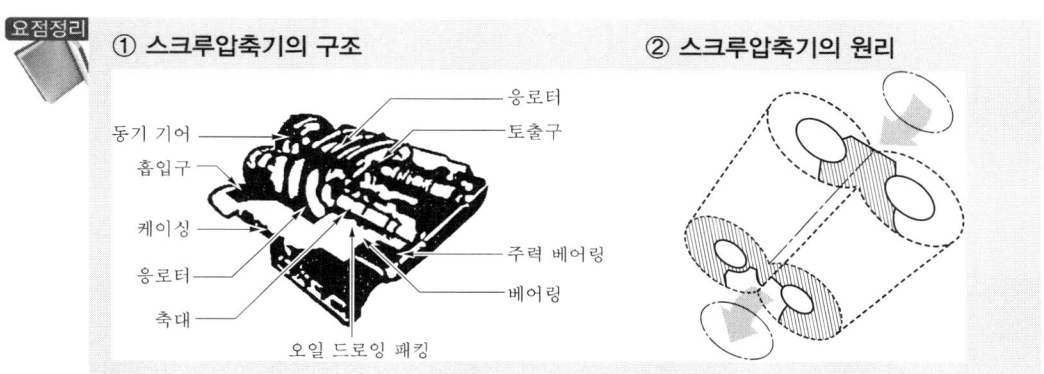

㉯ 행정의 원리

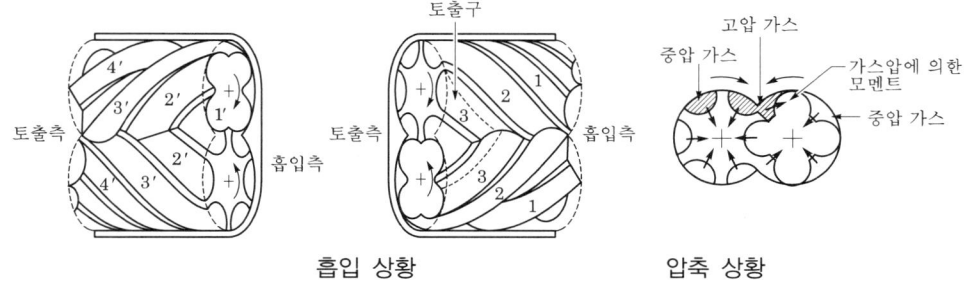

흡입 상황     압축 상황

㉠ 흡입행정 : 로터의 회전에 따라 케이싱에 의해 형성된 공간은 (1′-1′) → (2′-2′) → (3′-3′)로 증대하고, 접촉과는 전혀 관계없는 공간(4′-4′)이 된다 (흡입과정 완료).

㉡ 압축행정 : 로토의 회전에 따라서 (1-1) → (2-2) → (3-3)으로 압축되고

토출구에서 송출된다. 이와 같은 압축과정이 각 치형의 조합마다 행해지며, 전체적으로 볼 때 거의 연속적으로 압축된다.

⑥ 다이어프램식 압축기

임펠러에서 토출된 가스는 다이어프램에 의하여 다음 단의 임펠러에 흡입되는 압축기이다. 즉, 격막의 상하운동으로 기체를 압축한다.

다이어프램식 압축기는 부식성 유체의 압송이나 불활성 기체 (He, Ne, Ar 등)의 압송에 사용한다.

### (4) 압축기의 윤활유

① 고온일 때 : 산화, 중합을 일으키지 않고, 탄화하여 부착하는 성질이 작은 오일을 사용한다.
② 점도 : 마찰을 적게 하고, 실 작용을 하기 위하여 적당한 점도가 필요하다.
③ 아황산가스 ($SO_2$) : 가스에 침윤하지 않고 수분함량이 없는 것
④ 수소가스 ($H_2$) : 순광물성 기름으로 점도가 높은 것이 좋다.
⑤ 산소가스($O_2$) : 유지인 것을 사용하지 말 것
⑥ 염소가스 ($Cl_2$) : 진한 황산이나 글리세린 (60 % + 30 %)에 사탕을 더하고 120℃로 용해해서 10 %의 그래화이트 또는 활석을 혼합한 것이다.

✿ 주요가스의 윤활유
① 공기 : 양질의 광유
② $SO_2$ : 화이트유 (정제된 용제 터빈유)
③ $H_2$ : 양질의 광유
④ $O_2$ : 글리세린 10 % 수용액 (물)
⑤ $C_2H_2$ : 양질의 광유
⑥ LPG : 식물성유

## 1.2 펌프 (pump)

### (1) 펌프의 분류

① 터보식 펌프

㉮ 원심펌프 (센트리퓨걸펌프) : 임펠러에 흡입된 물이 축과 직각방향으로 토출되면서 벌류트 케이싱 내에 유도되어 버텍스 체임버에서 운동에너지를 압력에너지로 변환시켜서 토출하는 형식이다.

㉠ 특징
- 원심력에 의하여 액체를 이송한다.
- 용량에 비하여 설치면적이 작고 소형이다.
- 액의 맥동이 없고 흡입·토출밸브가 없다.
- 펌프에 충분히 액을 채워야 한다.
- 고양정에 적합하다.
- 캐비테이션, 서징현상 등이 발생하기 쉽다.

㉡ 원심펌프의 구조와 기본요소
- 양수장치 : 흡입관, 송출관, 풋밸브 (foot valve), 게이트밸브

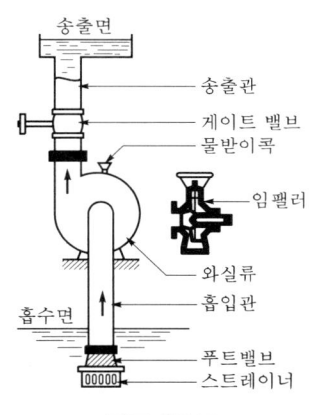

펌프계통도

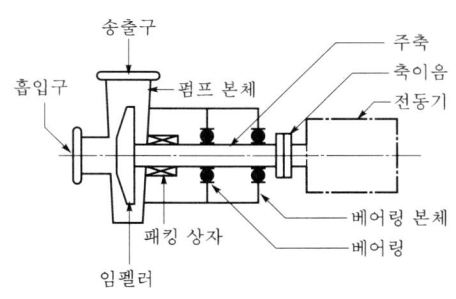

원심펌프의 구성요소

## 제3편 가스설비

> **요점정리**
> 
> ① **펌프와 압축기의 차이**
>   - 펌프 : 액체를 이송
>   - 압축기 : 기체를 이송
> 
> ② **펌프의 종별 분류**
>   - 터보식 : 센트리퓨걸(원심)펌프, 사류펌프, 축류펌프
>   - 용적식 : 왕복펌프, 회전펌프
>   - 특수펌프 : 재생펌프, 제트펌프, 기포펌프, 수격펌프
> 
> ③ **펌프의 구비조건**
>   - 고온 · 고압에 견딜 것
>   - 작동이 확실하고, 조작 · 보수가 용이할 것
>   - 급격한 부하의 변동에 대응할 것
>   - 저부하 · 고부하에서도 효율이 양호할 것
>   - 병렬운전에 지장이 없을 것
>   - 회전식은 고속에 안전할 것
>   - 누설이 없고 고장이 적을 것

ⓒ 구성요소 : 회전차(임펠러), 펌프 본체, 안내 깃(가이드 베인), 와류실, 주축, 축이음, 베어링 본체, 패킹상자, 베어링

ⓓ 원심펌프의 분류
- 안내 깃(가이드 베인)의 유무에 따른 분류
  - 벌류트펌프 : 임펠러 외주에 가이드 베인이 없는 형태
  - 터빈펌프 : 임펠러 외주에 가이드 베인이 있는 형태

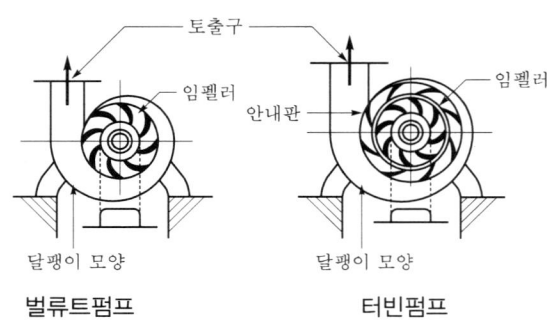

벌류트펌프      터빈펌프

※ 벌류트펌프의 프라이밍(priming) : 펌프를 운전할 때 액이 충만하지 않으면 공회전하여 펌프작업이 이루어지지 않는다. 이때, 액을 채우는 작업이다(터빈펌프에도 사용된다).

- 흡입구에 의한 분류
  - 단흡입펌프 : 회전자의 한쪽에서만 흡입되는 펌프
  - 양흡입펌프 : 펌프의 양쪽에서 흡입되는 펌프

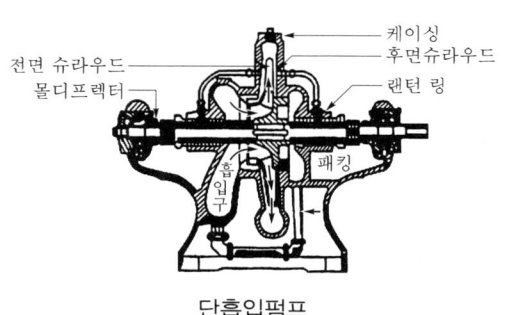
단흡입펌프

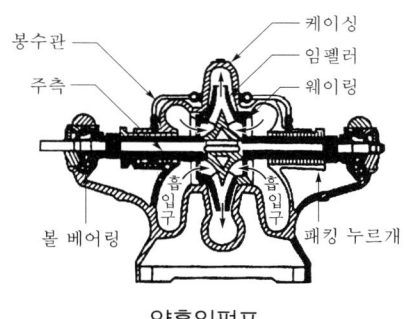
양흡입펌프

- 단 (스테이지)수에 의한 분류
  - 단단펌프 : 펌프 한 대에 임펠러 1개를 단 것
  - 다단펌프 : 임펠러를 여러 개를 같은 축에 배치하여, 1단에서 나온 액체는 제 2단에서 흡입되고, 이하 순차적으로 다음 단에 연결되는 것을 말한다.
- 임펠러의 모양에 따른 분류
  - 반경류형 : 액체가 임펠러 속을 지날 때 유적(流跡)이 거의 축과 수직인 평면 내를 반지름 방향으로 흐르도록 되어 이다.
  - 혼류형 : 깃 입구에서 출구에 이르는 사이에 반지름 방향과 축방향과의 유동이 조합되어 있다.
- 케이싱에 의한 분류 : 상하분할형, 분할형, 원통형, 배럴형

① **벌류트펌프의 특징**
- 토출량이 크며, 저점도의 액체에 적당하다.
- 저양정 시동때 물이 필요하다 (프라이밍이 필요하다).

② **터빈펌프의 특징**
- 고양정을 얻기 위해 단수를 가감할 수 있다.
- 고양정, 저점도의 액체에 적당하다.
- 대용량에 적합하다.

③ 펌프의 임펠러를 설계할 때의 주의사항
  • 마찰 손실을 적게 하려면
    - 깃의 통로길이를 짧게 할 것
    - 깃의 매수를 적게 할 것
    - 임펠러의 내외면을 매끈하게 할 것
  • 손실 헤드를 적게 하려면
    - 통로의 단면적을 급변하지 않도록 할 것
    - 깃의 곡선을 완만하게 할 것
    - 깃의 매수를 많게 하여 곡률반지름을 크게 할 것

㉯ 사류펌프 : 임펠러에서 나온 물의 흐름이 축에 대하여 비스듬히 나온다. 임펠러에서 물의 흐름을 안내 깃에 유도하여 회전방향 성분을 축방향 성분으로 바꾸어서 토출하는 형태와 벌류트 케이싱에 유도하는 형식이 있다.

㉰ 축류펌프 : 임펠러에서 나오는 물의 흐름이 축방향으로 나오는 펌프이다. 임펠러에서 물을 안내 깃에 유도하여 회전방향 성분을 축방향으로 변화시켜 수력손실을 적게 하여 축방향으로 토출한다.

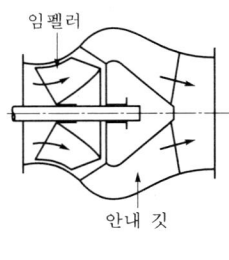
사류펌프

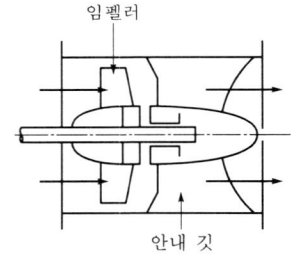
축류펌프

② 왕복펌프 : 실린더 내의 피스톤 또는 플런저를 왕복시켜서 밸브의 개폐와 피스톤의 왕복으로 액을 흡입하여 토출하는 것

㉮ 피스톤펌프 : 피스톤에 패킹(실라인)과 밸브가 붙어 있는 것

㉯ 플런저펌프 : 실라인이 펌프 본체에 고정되어 왕복운동을 하는 플런저에는 실이 붙어 있지 않다. 패킹 교환이 용이하고 고압을 얻기 쉽다.

㉰ 다이어프램펌프 : 특수유체, 슬러그(불순물)가 많이 함유된 물도 이송하기 쉬우며, 고무나 테플론 등의 막을 상하로 움직여서 토출한다. 슬러그를 함유한 액체에도 마모·폐쇄되지 않으며, 그랜드 패킹이 없어 누설을 방지한다.

제1장 고압장치의 종류

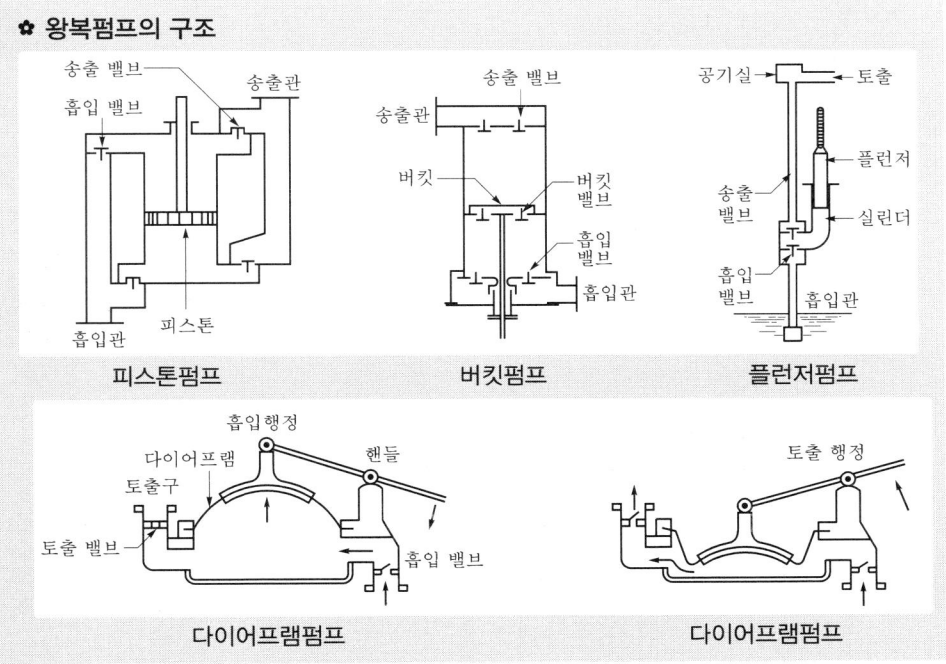

✿ 왕복펌프의 구조

  ⑭ 장·단점
   ㉠ 장점
    • 소형으로 고압, 고점도의 유체에 적당하다.
    • 토출량이 일정하므로 정량 토출할 수 있다.
    • 회전수가 변하여도 토출압력의 변화는 적다.
    • 수송량을 가감할 수 있어 흡입양정이 크다.
   ㉡ 단점
    • 밸브의 그랜드가 고장 나기 쉽다.
    • 단속적으로 송출하므로 맥동이 일어나기 쉽다.
    • 고압으로 액의 성질이 변하기 쉽다.
    • 진동이 있고 설치면적이 크다.
 ③ 회전펌프 : 날개의 회전에 따라서 생기는 원심력을 이용하여 흡입·송출밸브 없이 본체 (케이싱)와 임펠러 사이에 유체가 밀려나가서 송출된다.
  ㉮ 베인펌프 (사절판펌프) : 편심한 회전 롤에 베인 (깃)을 붙여서 회전력에 의해 토출한다.

> **요점정리**
> ✿ **베인펌프의 용량**
> ① 송출압력 : 20~175 kg/cm²
> ② 효율 : 70~85 %

㉠ 10수매의 깃을 내장하며, 적당한 압력 포드, 캠 링을 사용함으로써 송출압력에 맥동이 적다.
㉡ 펌프의 구동동력에 비해 소형이다.
㉢ 깃의 선단이 마모하여도 압력 저하가 적다.
㉣ 고장률이 적고 보수가 용이하다.

㉯ 기어펌프 : 두 개의 기어가 맞물려서 기어가 열리는 쪽에서 흡입하여 닫히는 쪽으로 토출하는 펌프이다 (기어펌프).

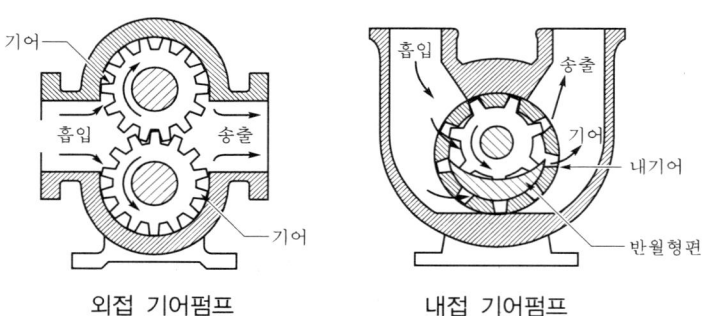

외접 기어펌프      내접 기어펌프

> **요점정리**
> ✿ **기어펌프의 용량**
> ① 송출압력 : 100 kg/cm² 이상    ② 송출량 : 3~100 m³/h
> ③ 전양정 : 35~45 m    ④ 효율 : 70~80 %

㉰ 나사펌프 (스크루펌프) : 1개의 나사축 (원동축)에 다른 나사축 (종동축)을 1~2개를 물리게 하여 케이싱 속에 봉하고 회전시킴으로써 (서로 다른 방향으로) 한 쪽의 나사홈 속의 액체를 다른 쪽의 나사산으로 밀어내게 되어 있는 형태이다.

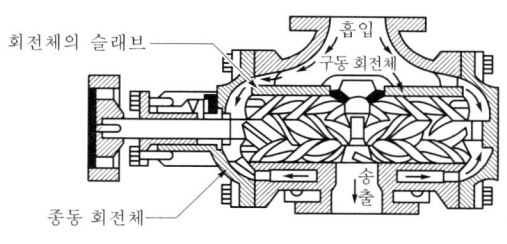

스크루펌프

 ✿ **나사펌프의 종류 (나사 수에 따라서)**
① 1개 : 모이노펌프
② 2개 : 큄비펌프
③ 3개 : 이모펌프

㉣ 회전펌프의 특징 및 사용상 주의할 점
㉠ 특징
• 고점도액의 이송에 적합하다.
• 고압에 적합하고 토출압력이 변하여도 토출량은 크게 변하지 않는다.
• 구조가 간단하고 청소, 분해가 용이하다.
㉡ 사용상 주의점
• 액의 점도에 따른 회전수와 소요동력의 선정을 적절히 할 것
• 점도가 큰 것은 회전수가 적고 소요동력이 커진다.
• 점도가 큰 액의 흡입측 저항을 가능한 한 작게 할 것
• 점도가 작은 것은 원심펌프를 사용하는 것이 좋다.
• 고압을 사용할 때에는 반드시 안전밸브를 사용할 것

④ 기타 펌프
㉮ 분사펌프 (제트펌프) : 노즐을 통하여 고속으로 분사된 유체에 의하여 흡입된 유체가 펌프로 송출된다.
• 장점 : 소음이 없고, 설치가 간단하다.
㉯ 기포펌프 : 압축기로 압축공기를 양수관의 아래쪽에서 구멍으로 분출시켜 수면을 올리는 방법이다.
㉰ 수격펌프 : 펌프나 압축기 없이 유체의 위치에너지를 이용한 것으로서 높은 위치의 물을 흘려보내다가 급격히 폐쇄시킬 때 고압이 발생하는 워터 해머를 이용한 것으로 낙차의 50배까지 양수할 수 있다.

- 장점 : 지형상 낙차만 있으면 양수가 가능하므로 경제적이다. 고장이 없고 수명이 반영구적으로 길다.

㉣ 가찰펌프 (재생펌프)

## (2) 펌프 사용시 발생되는 이상 현상

① 캐비테이션 (cavitation)
  ㉮ 캐비테이션의 발생조건
    ㉠ 관 속을 유동하고 있는 물속의 어느 부분이 고온도 (高溫度)일수록 포화증기압에 비례해서 상승할 때
    ㉡ 펌프의 물이 과속 (過速)으로 인하여 유량이 증가할 때
    ㉢ 펌프와 흡수면 (吸水面) 사이의 수직거리가 너무 부적당하게 길 때
  ㉯ 캐비테이션 발생에 따른 여러 가지 현상
    ㉠ 양정곡선과 효율곡선의 저하
    ㉡ 소음 (noise)과 진동 (vibration)
    ㉢ 깃에 대한 침식 (侵蝕)
      - 유효 흡입양정 (NPSH) : 펌프의 입구에서 전압력이 그 수온에 상당하는 증기압력에서 어느 정도 높은가 표시
  ㉰ 펌프의 캐비테이션 방지법
    ㉠ 펌프의 설치높이를 될 수 있는 대로 낮추어 흡입양정을 짧게 한다.
    ㉡ 수직축 (立軸)펌프를 사용하고, 임펠러를 수중 (水中)에 완전히 잠기게 한다.
    ㉢ 흡입배관계는 될 수 있는 대로 관지름을 굵게 하거나 굽힘을 적게 한다.
    ㉣ 펌프의 회전수를 낮추어 흡입 비교회전도를 적게 한다.
    ㉤ 양흡입 (兩吸入)펌프를 사용한다.
    ㉥ 두 대 이상의 펌프를 사용한다.

> **요점정리** ✿ **캐비테이션**
> 물이 관 속을 유도하고 있을 때 물속의 어느 부분의 정압이 그 때 물의 온도에 해당하는 증기압 이하로 되면 부분적으로 증기가 발생하는 현상이다.

② 수격작용 (water hammering) : 펌프에서 물을 압송하고 있을 때 정전 등으로 급히 펌프가 멈추거나 수량조절밸브를 급해 폐쇄할 때, 관 속의 유속이 급속히 변화하면 물에 의한 심한 압력의 변화가 생긴다. 이 현상을 수격작용이라고 한다.

㉮ 수관(水管) 속의 압축파(壓縮波)의 전파속도

$$a = \sqrt{\frac{K/\rho}{1 + \frac{K}{E} \cdot \frac{D}{\sigma}}} \text{ (m/s)}$$

여기서, $a$ : 음속(전파속도) (m/s),
$K$ : 물의 체적탄성계수 (kg/m²),
$\rho$ : 물의 밀도 (kg·s²/m²),
$E$ : 관의 종탄성계수 (kg/m²),
$D$ : 관의 안지름(m), $\sigma$ : 관벽의 두께(m)

㉯ 수격작용의 방지법
  ㉠ 관(管) 속의 유속을 낮게 한다 (단, 관지름을 크게 할 것).
  ㉡ 펌프에 플라이 휠(fly wheel)을 설치하여 펌프의 속도가 급격히 변화하는 것을 막는다 (관성모멘트의 원리).
  ㉢ 조압수조(調壓水槽) : 서지탱크를 관선에 설치한다 (자동).
  ㉣ 밸브는 펌프 송출구 가까이에 설치하고, 밸브는 적당히 제어한다.

## (3) 펌프의 회전수

① 전동기의 동기속도 ($N$)

$$N = \frac{f}{\frac{P}{2}} \times 60 = \frac{120f}{P} \text{(rpm)}$$

여기서, $f$ : 주파수, $P$ : 극수

② 펌프의 회전수 ($R$)

$$R = N\left(1 - \frac{S}{100}\right) = \frac{120f}{P}\left(1 - \frac{S}{100}\right)$$

### 3상 유도전동기의 동기속도 (rpm)

| 극수 | 2 | 4 | 6 | 8 | 10 | 12 | 14 | 16 | 18 | 20 |
|---|---|---|---|---|---|---|---|---|---|---|
| 주파수 60Hz | 3600 | 1800 | 1200 | 900 | 720 | 600 | 514 | 450 | 400 | 360 |

① 우리나라의 전원주파수 $f$는 60Hz이다.
② $S$는 펌프운전 때 생기는 부하에 의한 미끄럼률(%)이다.

### (4) 펌프의 소요동력과 상사의 법칙

① 소요동력

㉮ 마력 (PS 또는 HP) = $\dfrac{\gamma \cdot Q \cdot H}{75\eta}$

㉯ 동력 (kW) = $\dfrac{\gamma \cdot Q \cdot H}{102\eta}$

여기서, $Q$ : 유량 (m³/s), $H$ : 전양정 (m), $\gamma$ : 액의 비중량 (kg/m³), $\eta$ : 펌프의 효율 ($\eta < 1$)

※ $Q$ (m³/min)일 때는 kW = $\dfrac{\gamma \cdot Q \cdot H}{102 \cdot \eta \cdot 60}$ 으로 하며 다음과 같이 약식으로 나타낼 수 있다.

kW = $\dfrac{\gamma \cdot Q \cdot H}{102 \cdot \eta \cdot 60}$ 에서 유체가 물일 때 $\gamma = 1000$ kg/m³이고

이때의 유량 Q를 (m³/min) 단위로 할 때

kW = $\dfrac{1000 \cdot Q \cdot H}{102 \times 60 \times \eta} = 0.613 Q \cdot H$

② 상사의 법칙 : 구조가 서로 상사한 두 개의 펌프는 성능곡선도 서로 상사이다. 이때의 관계를 표현하는 법칙이며 회전수에 따라 다음과 같이 변화한다.

**펌프의 회전수, 토출량, 전양정, 축동력, 효율과의 관계**

| 회전수 | 토출량 | 전양정 | 축동력 | 효 율 |
|---|---|---|---|---|
| (변화 전) 회전수 $N$의 경우 | $Q$ | $H$ | $P$ | $\eta$ |
| (변화 후) 회전수 $N'$의 경우 | $Q'$ | $H'$ | $P'$ | $\eta'$ |

㉮ 유량 : 회전수에 비례한다. $Q' = Q \times \left(\dfrac{N'}{N}\right)$

㉯ 양정 : 회전수의 자승에 비례한다. $H' = H\left(\dfrac{N'}{N}\right)^2$

㉰ 동력 : 회전수의 3승에 비례한다. $P' = P\left(\dfrac{N'}{N}\right)^3$

※ 단, $\eta = \eta'$로서 효율은 변함없는 것으로 한다.

## (5) 비교회전도 (비속도)

한 임펠러를 형상과 운전상태를 상사하게 유지하면서 그 크기를 바꾸어 단위송출유량에서 단위일정 (1m)으로 되게 할 때, 그 임펠러에 최대로 적합한 회전수를 원래의 임펠러의 비교회전도라고 한다.

$$N_s = \frac{N\sqrt{Q}}{\left(\dfrac{H}{i}\right)^{3/4}}$$

여기서, $N_s$ : 비교회전도, $Q$ : 유량 (m³/min), $i$ : 펌프의 단수
$N$ : 회전수 (rpm), $H$ : 양정 (m)

**요점정리** ✿ 터보식 펌프의 $N_s$ 범위
① 센트리퓨걸펌프 : 100~600 m³/min · m · rpm
② 사류펌프 : 500~1300 m³/min · m · rpm
③ 축류펌프 : 120~2000 m³/min · m · rpm

## (6) 왕복펌프의 토출체적

$$Q = \frac{\pi}{4} D^2 \cdot S \cdot N \cdot n$$

여기서, $Q$ : 토출체적 (m³/min), $D$ : 실린더 지름 (m),
$S$ : 피스톤의 행정 (m), $N$ : 기통수, $n$ : 회전수 (rpm)

## 2  고압장치의 요소

### 2.1  고압가스 용기

#### (1) 용접용기

강판을 롤링, 성형하여 용접하여 제작한다.

$C_3H_8$, $C_2H_2$ 등 비교적 저압가스용으로 사용된다.

① 화학성분 : 탄소강이 쓰이며 CPS 비율은 다음과 같다.

| 성 분 | C(탄소) | P(인) | S(황) |
|---|---|---|---|
| 함량(%) | 0.33 % 이하 | 0.04 % 이하 | 0.05 % 이하 |

② 제작방법
  ㉮ 용접용기 : 강판을 원상으로 압착하여 2개를 상·하로 하여 둘레를 용접한 형태
  ㉯ 이음매없는 용기 : 강판을 롤러에 감아서 몸통부(동판)를 만들고 양단의 경판을 조립하여 용접한 형태

③ 용접용기의 장점
  ㉮ 강판이 저렴하므로 제작비가 싸다.
  ㉯ 판재를 사용하므로 용기의 형태수치를 자유로이 선택한다.
  ㉰ 두께의 공차가 적다(용기의 두께공차는 ±20 % 이하).

#### (2) 이음매 없는 용기

이음 부분이 없는 것으로서 특수 제작되며 $O_2$, $H_2$ 등 압력이 높은 압축가스, 액화 $CO_2$ 등 상온에서 높은 증기압을 가지는 가스, $Cl_2$ 등 맹독성이며 부식성이 큰 가스 등에 사용된다.

| 성 분 | C(탄소) | P(인) | S(황) |
|---|---|---|---|
| 함량(%) | 0.55 % 이하 | 0.04 % 이하 | 0.05 % 이하 |

제 2 장 • 고압장치의 요소

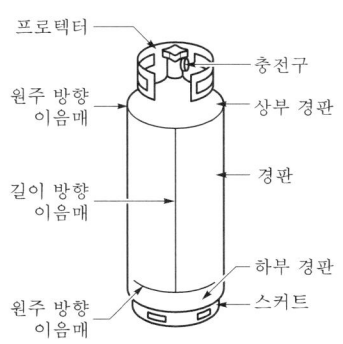

용접용기의 각부 명칭 (LPG용)

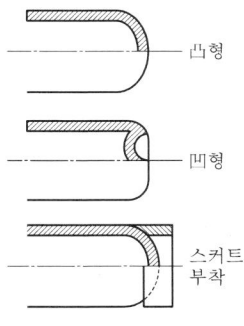

무계목의 저부 형태

② 재질과 형상

㉮ $Cl_2$, $NH_3$ 등 비교적 저압인 것 : 탄소강

㉯ $O_2$, $H_2$ 등 비교적 고압인 것 : 망간강

㉰ 형상은 가늘고 길며, 저부형태란 凸형, 凹형, 스커트형이 있다.

## 2.2 용기용 밸브

### (1) 밸브의 구조

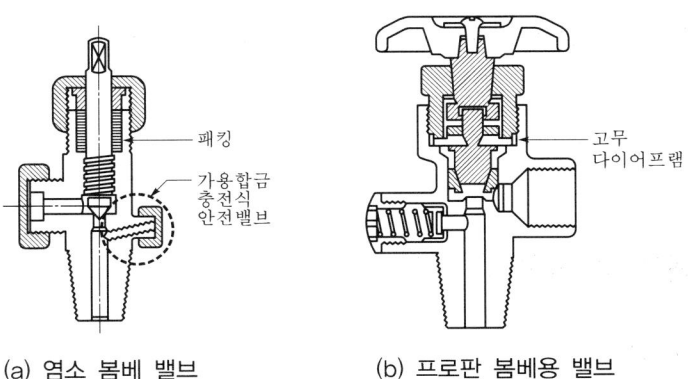

(a) 염소 봄베 밸브   (b) 프로판 봄베용 밸브

① 구조 : 패킹식, 오일링식, 백시트식, 다이어프램식의 4종류
② 밸브의 표시 : 제조자명 및 약호, 제조연월, 중량, 내압시험압력
③ 충전구의 나사방향

㉮ 가연성 가스 : 왼나사 (단, $NH_3$, $CH_3Br$은 제외)

㉯ 가연성 가스 이외 : 오른나사
　④ 밸브에는 안전밸브를 부착한다 (위 그림에서).
　　　㉮ 염소용 : 가용전식 (65~68 %에서 용융)
　　　㉯ 프로판용 : 스프링식 (내압시험압력×8/10 이하에서 작동)

### (2) LPG용 밸브

그랜드 너트의 개폐방향에 따라 왼나사, 오른나사가 있다.

① 개폐방향이 왼나사인 것은 그랜드 너트 육각부에 V자 홈을 만든다.
② 그랜드 너트 고정방법
　㉮ 금속접착제로 고정하는 방법 (그랜드 너트 육각부에 '적색'으로 표시한다.)
　㉯ 본체와 그랜드 너트 사이에 구멍을 뚫어서 핀으로 고정
③ 충전구는 왼나사로 되어 있다.
④ 안전밸브는 스프링식 안전밸브이며, 내압시험의 80 % 이하에서 분출한다.
⑤ 밸브의 내압시험은 용기의 내압시험압력 이상에서 실시한다.
⑥ 밸브의 기밀시험압력은 공기, 불활성 가스로 행하며 용기의 최고충전압력 이상에서 실시한다.
⑦ 밸브의 기능검사
　㉮ 핸들의 회전이 원활한 것 (그핀들이 굽은 것은 불합격이다.)
　㉯ 그랜드 너트를 빼는 방향으로 $100 \text{ kg} \cdot \text{m}$의 회전력으로 돌릴 때 그랜드 너트가 돌아가는 것은 불합격이다.
　㉰ 그랜드 너트로 $80 \pm 200 \text{ kg} \cdot \text{m}$의 회전력으로 조이고 고정해야 한다.

## 2.3 용기의 내용적 계산

### (1) 압축가스 용기

$$V = M/P$$

　여기서, $V$ : 용기의 내용적 (L 또는 $m^3$), $M$ : 대기압으로 환산한 가스 부피 (L 또는 $m^3$)
　　　　　$P$ : 35℃에서의 최고충전압력 ($kg/cm^2$)

## (2) 액화가스 용기

$$V = G \cdot C$$

여기서, $V$ : 용기의 내용적 (L), $G$ : 가스의 질량 (kg), $C$ : 가스의 정수 ($C_3H_8$ : 2.35)

## 2.4 용기의 두께 계산 (용접용기)

### (1) 동 판

$$t = \frac{PD}{200SE - 1.2P} + C$$

### (2) 접시형 경판

$$t = \frac{PDW}{200SE - 0.2P} + C$$

### (3) 반타원체형 경판

$$t = \frac{PDV}{200SE - 0.2P} + C$$

여기서, $t$ : 두께 (단위 : mm)의 수치

$P$ : 아세틸렌가스 용기는 최고충전압력 (단위 : MPa)의 1.62배의 압력, 그 밖의 용기는 최고충전압력 (단위 : MPa)의 수치

$D$ : 동판은 동체의 내경, 접시형 경판은 그 중앙만곡부 내면의 반지름, 반타원체형 경판은 반타원체 내면의 장축부 길이에 각각 부식여유의 두께를 더한 길이 (단위 : mm)의 수치

$W$ : 접시형 경판의 형상에 따른 계수로서 다음 산식에 의해 계산된 수치

$$\frac{3+\sqrt{n}}{4}$$ ( $n$은 경판 중앙만곡부 내경과 경판둘레의 단곡부 내경의 비)

$V$ : 반타원체형 경판의 형상에 의한 계수로서 다음의 산식에 의해 계산된 수치

$$\frac{2+m^2}{6}$$ ( $m$은 반타원체형 내면의 장축부와 단축부의 길이의 비)

$S$ : 재료의 허용응력 (단위 : N/mm$^2$) 수치

$E$ : 동체의 길이 이음매 또는 경판중앙부 이음매의 용접효율 수치

$C$ : 부식여유의 두께 (단위 : mm)의 수치로서 다음 표와 같다.

| 용기의 종류 | | 부식여유의 수치 (mm) |
|---|---|---|
| 암모니아를 충전하는 용기 | 내용적이 1000 L 이하인 것 | 1 |
| | 내용적이 1000 L를 초과한 것 | 2 |
| 염소를 충전하는 용기 | 내용적이 1000 L 이하인 것 | 3 |
| | 내용적이 1000 L를 초과한 것 | 5 |

## 2.5 용기의 각종시험

### (1) 내압시험

용기를 설정된 내압에 견딜 수 있는지의 여부를 항구증가율로써 판정한다.

① 내압시험압력

  ㉮ 일반적인 용기 : 최고충전압력 $\times \frac{5}{3}$ 배

  ㉯ 아세틸렌 용기 : 최고충전압력 $\times 3$ 배

  ㉰ 설비의 경우 : 상용압력 $\times 1.5$ 배

② 수조식 내압시험

  ㉮ 용기를 수조에 넣고 수압으로 가압한다.

  ㉯ 수압에 의해 용기가 팽창함에 따라 그 팽창된 용적만큼 물이 압축되어 팽창계(브레드)에 나타난다. 이것을 '전증가량'이라고 한다.

  ㉰ 용기 내부의 수압을 제거한 다음 용기의 영구팽창 때문에 팽창계의 물이 수조로 완전히 돌아가지 않고 팽창계에 남게 되는데, 이 남은 물의 양을 '항구증가량'이라고 한다.

  ㉱ 이런 조작에 의해 얻어진 항구증가량과 전증가량의 백분율을 항구증가율이라고 한다.

③ 비수조식 내압시험 : 대형 용기나 특수형상 또는 수조식에서 어려운 경우에 사용되는데, 용기를 수조 속에 넣지 않고 용기에 직접 내압시험압력으로 수압을 가해 용기 내에 최초수압 이전에 들어간 물의 양과의 차가 전증가량이 되고, 수압제거 때에도 수압 이전의 수량보다 조금 덜 빠지고 남아 있는 잔량이 영구증가량이므로 계산하면 영구증가율을 낼 수 있다. 그러나 이때 압입된 물은 내압시험압력으로 가압되므로 압축계수를 사용해서 수량을 보정해야 하며, 이때의 온도 또한 중요하다.

## (2) 기밀시험

용기가 규정 사용 압력에서 누설이 발생되는지의 여부를 사용 전에 사용압력 이상으로 기압 (질소 등 불활성 가스)에 의하여 확인하는 방법이다.

① 방법
  ㉮ 기밀시험은 기압으로 하는 것을 원칙으로 한다.
  ㉯ 시험기체는 주로 공기를 사용하나 재검사일 경우에는 잔류가스가 가연성 가스일 경우에는 공기와 혼합하여 폭발우려가 있으므로 질소, 불연성가스를 사용한다.
  ㉰ 시험압력 이상의 기체를 압입하여 1분 이상 유지하고 비눗물을 발라 기포의 발생여부로 판별한다.
  ㉱ 중·소형 용기의 시험은 용기를 수조에 담아 기포의 발생으로 측정한다.

② 시험압력
  ㉮ 초저온 및 저온용기 : 최고충전압력 (FP)×1.1배
  ㉯ 아세틸렌 용기 : 최고충전압력×1.8배
  ㉰ 기타 용기 : 최고충전압력 이상

## 2.6 용기의 검사와 표시방법

### (1) 용기검사

① 신규검사 : 화학성분검사, 인장강도, 충격, 압궤, 연신율, 굴곡용접부, X-검사, 파열, 기밀, 내압시험 등
② 재검사 : 음향검사, 외관검사, 내부조명검사, 질량검사, 내압시험
③ 재검사기간

| 용기의 종류 | | 신규검사 후 경과연수 | | |
|---|---|---|---|---|
| 형 태 | | 15년 미만 | 15년 이상 20년 미만 | 20년 이상 |
| 용접용기 | 500 L 이상 | 5년마다 | 2년마다 | 1년마다 |
| | 500 L 미만 | 3년마다 | 2년마다 | 1년마다 |
| 이음매없는 용기 또는 복합재료용기 | 500 L 이상 | 5년마다 | | |
| | 500 L 미만 | 신규검사 후 경과연수가 10년이하인 것은 5년마다, 10년을 초과한 것은 3년마다 | | |

## (2) 합격용기의 각인방법

용기제조자는 용기검사에 합격한 용기에 용기 및 그 부속품의 어깨 부분 또는 프로텍터 부분 등 보기 쉬운 곳에 다음 사항을 명확히 각인할 것 다만, 각인하기 곤란한 용기 및 그 부속품은 다른 금속판에 각인한 것을 용기 및 그 부속품에 부착하는 것으로 갈음할 수 있다.

① 용기의 경우
  ㉮ 용기 제조업자의 명칭 또는 약호
  ㉯ 충전하는 가스의 명칭

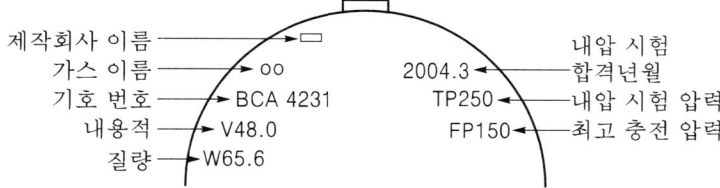

  ㉰ 용기의 번호
  ㉱ 내용적 (기호 : V, 단위 : L)
  ㉲ 초저온용기 외의 용기는 밸브 및 부속품 (분리할 수 있는 것에 한한다.)을 포함하지 아니한 용기의 질량 (기호 : W, 단위 : kg)
  ㉳ 아세틸렌가스 충전용기는 ㉲의 질량에 용기의 다공질물, 용제 및 밸브의 질량을 합한 질량 (기호 : TW, 단위 : kg)
  ㉴ 내압시험에 합격한 연월
  ㉵ 내압시험압력 (기호 : TP, 단위 : MPa)
  ㉶ 압축가스를 충전하는 용기는 최고충전압력 (기호 : FP, 단위 : MPa)
  ㉷ 내용적이 500 L를 초과하는 용기에는 동판의 두께 (기호 : t, 단위 : mm)
  ㉸ 충전량 (g) (납붙임 또는 접합용기에 한한다.)

② 용기부속품의 경우
  ㉮ 부속품 제조업자의 명칭 또는 약호, 이 규정에 의한 부속품의 기호와 번호
  ㉯ 질량 (기호 : W, 단위 : kg)
  ㉰ 부속품검사에 합격한 연월
  ㉱ 내압시험압력 (기호 : TP, 단위 : MPa)

㉮ 용기종류별 부속품의 기호
  ㉠ 아세틸렌가스를 충전하는 용기의 부속품 : AG
  ㉡ 압축가스를 충전하는 용기의 부속품 : PG
  ㉢ 액화석유가스 외의 액화가스를 충전하는 용기의 부속품 : LG
  ㉣ 액화석유가스를 충전하는 용기의 부속품 : LPG
  ㉤ 초저온 용기 및 저온용기의 부속품 : LT

# 3 고압가스 저장탱크

## 3.1 구성요소

동체와 경판으로 구성되며 안전밸브, 유체의 출입구 드레인 장치, 액면계, 온도계 등을 설치한다.

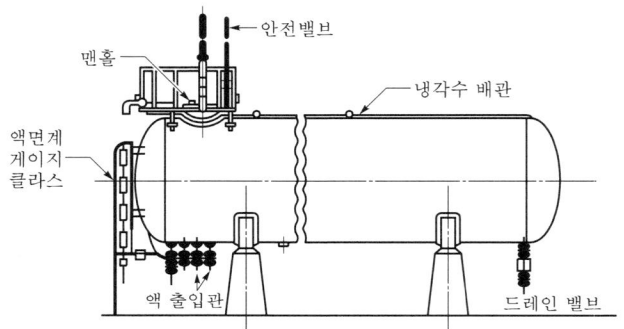

### (1) 설치방법에 따라서

① 횡형 (수평설치형)
② 종형 (수직설치형)

### (2) 동판은 압력의 구분에 따라서 접시형, 타원형, 반구형이 있다.

### (3) 특 징

① 원통형 용기의 일반적인 특징 (동일용량의 동일압력 하에서 구형 탱크와 비교)
  ㉮ 두께가 두꺼우므로 중량은 무거우나 제작상 굽힘, 가공, 용접, 조립 등이 용이하다.
  ㉯ 운반 등이 용이하다.
  ㉰ 치수범위가 넓다 (지름 2.7 cm, 길이 12 m까지 있다).
② 횡형과 종형의 장·단점
  ㉮ 횡형 : 강도상, 설치상, 안전성이 뛰어나므로 설치 예가 종형보다 많다. 단, 설

치면적이 크다.

㉯ 종형 : 높이가 높아지면 풍압, 지진 등에 의한 굽힘모멘트를 받기 때문에 관두께를 두껍게 해야 한다. 설치면적이 작으므로 설치상 이점이 있으나 저장물질 중에 침전물이나 이물질이 고이는 경우에는 저부에 드레인을 용이하게 할 수 있는 구조이어야 한다.

### (4) 용도
구형 저장탱크에 비하여 소형에 쓰인다.

### (5) 지지방법
지점의 위치는 일반적으로 $A = 0.4R < 0.2L$이 되도록 설정한다. 새들의 스냅각은 $\theta = 120 \sim 150°$ 정도의 값을 취한다. 용기의 사용온도가 높은 경우에는 열팽창에 의한 응력이 생기지 않도록 새들의 한쪽은 고정하고 다른 쪽 롤러로 받거나 또는 슬라이드하도록 하여야 한다. 또, 용기를 직접 콘크리트 기초 위에 놓는 경우는 동판의 부식을 고려하여 두께 6 mm 이상의 시트판을 중개하여 설치한다.

## 3.2 구형 저장탱크

대용량에서는 원통형보다 구형으로 사용하며, 산소, 수소, 메탄 등 쉽게 액화되지 않는 최저온가스를 저장할 때는 2중각 구형 저장탱크, 2중각 구면 지붕형 탱크 등도 사용한다.

### (1) 구조화의 특징
① 구조 : 구면상으로는 성형된 강판을 설치장소에 용접하여 구형으로 구조하고, 수개의 강관제 지주로 지지하여 지반기초에 설치
② 부속품 : 맨홀, 저장가스 출입구, 안전밸브, 압력계, 온도계, 특히 액체일 때는 액면계를 설치한다. 그 밖에 운전, 보존용으로 지상에서 탱크의 정상부까지의 계단, 내부 보안용 사다리, 액면계 시감시용 사다리 등을 설치
③ 구형 탱크의 이점 (특징)
㉮ 고압저장탱크로서 건설비가 싸다. 동일용량의 기체 또는 액체를 동일압력 및 재료에서 저장하는 경우 구형은 표면적이 가장 작고 강도가 높다.

⑭ 기초공사가 단순하며 용이하다.
⑮ 보존면에서 완성시 충분한 용접검사 및 내압기밀시험을 하므로 누설이 완전히 방지된다.
⑯ 형태가 아름답다.

### (2) 구형 탱크의 종류

① 단각식 (單殼式)
  ㉮ 상온이나 −30℃ 전후까지의 저온범위에서 사용
  ㉯ 저온저장탱크의 경우 보통 냉동장치를 부속하여 탱크 내의 온도와 압력을 조절한다.
  ㉰ 외면에 충분한 단열재를 장치하고, 동결을 방지하기 위한 방습조치도 필요하다.
  ㉱ 저장탱크의 각부분 (껍질)의 재료
    ㉠ 상온부근 : 용접용 압연강재, 보일러용 압연강재, 고장력강 등
    ㉡ 저온 (−30℃ 전후) : 2.5 % Ni강, 3.5 % Ni강 등을 쓴다.

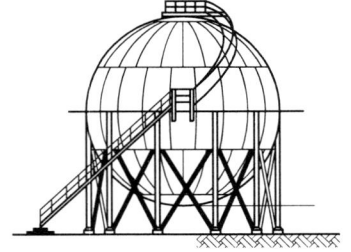
단각식 구형 저장탱크

② 2중각식
  ㉮ 내구는 저온용 강재, 외구는 보통 강판을 사용하며, 내외구간에는 진공 또는 건조공기, 질소 등을 넣고 보냉재를 충전한다.
  ㉯ 단열성이 높으므로 −50℃ 이하의 저온에서 액화가스를 저장하는데 적합하다.
  ㉰ 내측 탱크재료 : 스테인리스강, 알루미늄, 9 %의 Ni강이 사용된다.

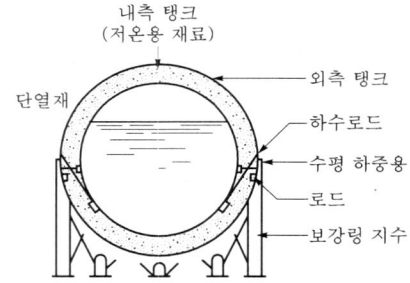

③ 구면 지붕형 (돔루프) 저장탱크 : 산소, 질소 또는 LPG, LNG와 같은 액화가스를 대량으로 저장하는 경우에는 구면 지붕형 저장탱크가 사용된다. 이와 같은 저장탱크에는 구형 저장탱크와 같이 단각식과 2중각식이 있다. 단각식은 일반적으로 암모니아, LPG 등 비교적 액화하기 쉬운 액화가스의 저장탱크, 2중각은 산소, 질소, LNG 등 특히 저온을 필요로 하는 것의 저장탱크로서 사용재료도 구형 저장탱크의 경우와 대략 같다.

제 3 장 ● 고압가스 저장탱크

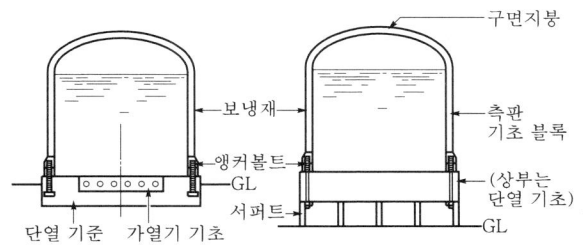
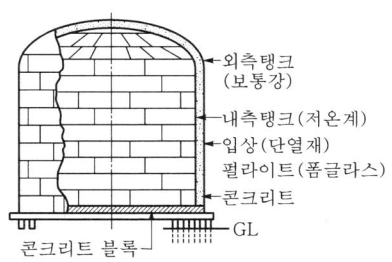

## 3.3 저장설비의 계산

### (1) 안전공간

액화가스의 부피팽창(온도 상승에 기인)을 고려하여 기상부를 확보하는 것으로서 법규정상 10 % 이상을 유지한다.

$$안전공간 = \frac{V - V_1}{V} \times 100$$

여기서, $V$ : 저장설비의 부피 (L), $V_1$ : 충전된 액의 부피 (L)

### (2) 저장능력의 산정식

① 용기일 때

$$G = \frac{V}{C}$$

여기서, $G$ : 질량 (kg), $V$ : 부피 (L), $C$ : 가스에 따른 충전상수

② 압축가스탱크 ($m^3$)

$$Q = (10P + 1) V_1$$

여기서, $Q$ : 저장능력($m^3$), $P$ : 35℃에서 최고충전압력(MPa), $V_1$ : 저장설비의 부피($m^3$)

③ 액화가스의 저장능력 (kg)

$$W = 0.9 d V_2$$

여기서, $W$ : 저장능력 (kg), $d$ : 상용온도에서 액화가스의 비중 (kg/L)
$V$ : 저장설비의 부피 (L)

# 4 안전밸브와 고압장치 재료

## 4.1 안전밸브의 종류와 특징

### (1) 스프링식 안전밸브

① 일반적으로 가장 널리 쓰인다.
② 용기 내의 압력이 설정값을 초과하면 스프링을 밀어내어 가스를 분출시키고 정상으로 회복되면 스프링의 힘에 의해 분출구가 닫힌다.

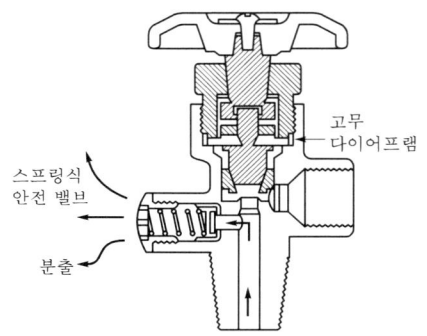

스프링식 안전밸브의 구조

### (2) 파열판식 (박판식) 안전밸브

용기 내의 압력이 급격히 상승할 때 용기 내의 가스를 배출한다 (한 번 작동하고 난 뒤 다시 교체하여야 한다).

① 특징
   ㉮ 구조가 간단하고 취급, 점검이 용이하다.
   ㉯ 스프링식보다 토출용량이 많아 압력 상승이 급격히 변하는 곳에 적당하다.
   ㉰ 밸브 시트의 누설이 없다.
   ㉱ 슬러지 함유 (괴상 함유), 부식성 유체에도 사용이 가능하다.
② 재료
   박판은 사용하는 유체에 대하여 내식성을 가지며, 사용온도에서는 안정되어 크리프

나 피로에 견디어 강도가 분산되지 않아야 하며, Al,
STS 강 등이 쓰인다 (납이나 플라스틱을 라이닝한 것
도 쓰인다).

### (3) 중추식 안전밸브

밸브 장치에 무게가 있는 추를 달아서 설정 압력이 되
면 추를 밀어 올리는 힘이 크게 되므로 장치 내의 고압
가스가 분출된다.

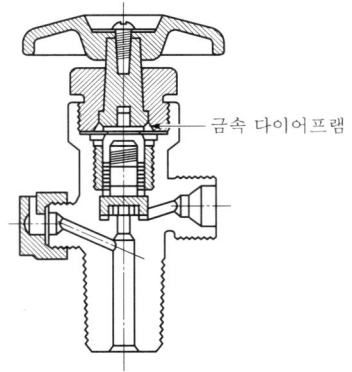

설치 예 : 산소용기용

### (4) 가용전식 안전밸브

설정온도에서 용기 내의 온도가 규정온도 이상이면 녹아서
용기 내의 전체 가스를 배출한다. 용융온도는 다음과 같다.

① 일반적인 것 : 75℃ 이하
② 염소용 : 65~68℃
③ 아세틸렌용 : 105℃±5℃
④ 긴급차단용 : 110℃

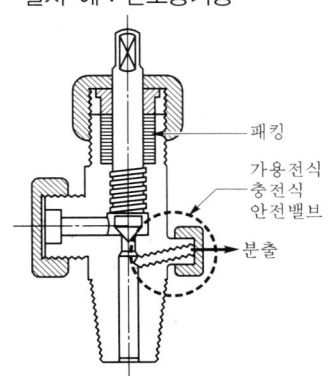

설치 예 : 염소가스용

## 4.2 안전밸브의 조건 및 구경

### (1) 안전밸브의 조건

① 안전밸브는 작동이 확실하고 누설되지 않을 것
② 작동압력이 설정된 점에서 민감하게 작동할 수 있을 것
③ 안전밸브의 작동압력은 내압시험압력 $\times \dfrac{8}{10}$ 이하에서 작동할 것

### (2) 안전밸브의 최소구경

① 압축기용 안전밸브의 분출면적

$$a = \dfrac{W}{230P\sqrt{\dfrac{M}{T}}}$$

여기서, $a$ : 분출부의 유효면적 ($cm^2$), $W$ : 1시간 내에 분출하여야 할 가스의 양 (kg/h)
$P$ : 안전밸브의 분출압력 ($kg/cm^2 \cdot abs$), $M$ : 가스의 분자량
$T$ : 압력 P에서 가스의 절대온도 (K)

② 압력용기의 안전밸브 구경

$$d = C\sqrt{\left(\frac{D}{100}\right)\left(\frac{L}{100}\right)}$$

여기서, $d$ : 안전밸브의 분출 최고구경 (mm), $D$ : 용기의 바깥지름 (mm)
$L$ : 용기의 길이 (mm), $C$ : 가스의 정수 $\left(35\sqrt{\frac{1}{P}}\right)$, $P$ : 기밀시험압력 (MPa)

③ 도관용 안전밸브의 단면적

도관에 설치하는 안전밸브의 분출면적은 도관 최대지름부 단면적의 1/10배 이상이어야 한다.

> **예**
> 도관의 최소지름이 50 mm 이고 최대지름이 100 mm인 경우, 이 도관에 안전밸브를 설치하려면 분출면적은 최소한 몇 cm2인가?
>
> **해설**
> 최대지름 단면적 $= \frac{\pi D^2}{4} = \frac{3.14 \times 10^2}{4} = 78.5$ $cm^2$
>
> $\therefore 78.5 \times \frac{1}{10} = 7.85$ $cm^2$
>
> ※ 주의 : 지름과 단면적을 혼동하지 말 것

## 4.3 고압장치 재료

### (1) 고압장치 재료

① 안전율 $= \frac{인장강도}{허용능력}$ : 재료의 기준강도가 허용응력의 몇 배 값이 되는가 하는 안전도

② 순금속 : 상온에서 고체, 결정구조, 전기열의 양도체, 광택, 연성과 전성이 큼, 비중이 큼.

③ 합금 : 강도, 경도 증가, 내산, 내열성 증가, 용융점, 전도율 저하, 전연성 감소

### (2) 용어정리

① 강도 : 외력 (압축, 인장, 휨 등)에 대한 재료의 저항력
   (Ni > Fe > Cu > Al > Zn > Sn > Pb)
② 경도 : 금속 표면이 외압에 저항하는 성질, 인장강도에 비례
③ 인성 : 질기고 끈기 있는 성질
④ 피로 : 재료에 인장과 압축하중을 오랜 시간 연속적으로 작용시키면 그 응력이 인장강도보다 작은 경우에도 파괴되는 현상
⑤ 취성 : 부스러지는 성질 (↔ 인성)
⑥ 연성 : 선으로 늘릴 수 있는 성질 (Au > Ag > Al > Cu > Pt > Pb > Zn > Fe > Ni)
⑦ 전성 : 얇은 판으로 넓게 퍼지는 성질
⑧ 크리프 (creep) : 고온에서 긴 외력을 장시간 걸어 놓으면 시간의 경과에 따라 변형이 증대되는 현상

### (3) 탄소강 (Fe과 C 주성분. Mn, Si, P, S)에서 원소의 영향

① C (0.03~1.7 %)

| 구 분 | 인장강도 | 경도 | 인성 | 연성 | 담금질성 | 용융점 |
|---|---|---|---|---|---|---|
| 탄소량 많을 때 | 크다 | 크다 | 작다 | 작다 | 양호 | 낮다 |

② Mn : 적열취성 제거 (MnS 화합) 점성증가, 고온가공성 향상, 강도, 경도, 인성 증가
③ Si : 강도·경도 증가, 유동성 증가, 연신율·충격치 저하
④ P : 상온취성, 경도·강도 증가, 연신율 저하
⑤ S : 적열취성, 인장강도·연신율·충격치 저하
⑥ Cu : 강도·경도·내식성 증가

### (4) 금속재료의 열처리

금속을 적당한 온도로 가열한 후 적당한 속도로 냉각하여 조직을 조정하거나 내부응력을 제거하는 등 적당한 조직으로 만들어 목적하는 성질 및 상태를 얻기 위한 조직

① 담금질 (quenching)
   ㉠ 강의 경도, 강도 증가를 위해 오스테나이트 조직에서 마텐자이트 조직을 얻는 것
   ㉡ 담금질 균열 방지책

㉠ 급격한 냉각 방지
㉡ 가능한 유랭
㉢ 온도차, 직각부분이 적도록
㉣ 스케일 제거
㉺ 질량 효과 (mass effect) : 가열한 강을 담금질 할 때 표면은 빠르게, 내부는 느리게 냉각되어 재료의 안팎에 열처리 효과의 차이가 생기는 현상. 질량이 적을수록 증가

② 뜨임 (termpering)
㉮ 강의 인성을 증가시키고 내부변형을 제거하기 위하여 적당한 온도로 가열하여 냉각 (서랭)시키는 열처리
㉯ 저온 뜨임 : 경도 요구, 150℃
고온 뜨임 : 인성, 탄성 요구, 500~600℃

③ 풀림 (annealing) : 조직을 균일하게 하고 내부응력의 제거, 재료의 연화 등을 위해 열처리

④ 불림 (normaluzing) : 조직의 미세화, 기계적 성질을 향상시켜 표준강을 얻기 위함.

## (5) 금속재료의 부식 : 전식, 건식, 습식

① 부식의 종류
㉮ 습식 (수분 존재하)의 원인
㉠ 이종 금속의 접촉
㉡ 금속재료의 조성, 조직의 불균일
㉢ 재료 표면상태의 불균일
㉣ 재료의 응력상태
㉤ 부식액 조성, 유동상태의 불균일
㉯ 건식 (수분이 없는 상태하)의 원인
㉠ 고온가스 부식 (산화, 황화, 할로겐화)
㉡ 용융점 및 용융 금속에 의한 부식

② 부식의 형태
㉮ 전면부식 : 전면이 균일하게 부식
㉯ 국부부식 : 특정 부분이 부식되는 현상

㉓ 선택부식 : 합금에서 특정 성분만 부식

㉔ 입계부식 : 결정립계가 선택적으로 부식

③ 부식속도에 영향을 주는 인자 : pH, 온도, 유동상태, 용존이온, 부식액의 조성, 금속재료의 조성, 표면상태, 응력상태, 유속

④ 방식법

㉮ 부식 환경 처리에 의한 방식 (유해물질 제거, 부식액 농도 pH 저하)

㉯ 인히비터 (부식 억제제)에 의한 방식

㉰ 피복에 의한 방식 (도금, 표면처리, 라이닝)

㉱ 전기 방식

⑤ 가스에 의한 부식

㉮ 산화 : 상온에서도 수분 존재하에서는 부식된다.

내산화성 증대 원소 : Si, Al, Cr

㉯ 황화 : $H_2S$가 Fe, Ni를 심하게 부식시킨다.

㉰ 침탄 : CO의 강재 침식

침탄 방지 금속 : Si, Al, Ti, V

㉱ 카르보닐화 : CO의 고온·고압에서 Ni, Fe, CO 등과 휘발성의 카르보닐 생성

$Ni + 4\,CO \rightarrow Ni(CO)_4$

$Fe + 5\,CO \rightarrow Fe(CO)_5$

방지조건 : Cu, Cu − Mn, Ag, Al 등으로 라이닝

㉲ 질화 : 고온·고압에서 질소 취급시 질화되어 강을 취화시킴.

내질화성 원소 : Ni

㉳ 수소취성 : 강재로부터 C를 빼앗아 탈탄작용을 일으킴. 고온·고압시 현저

$Fe_3C + 2\,H_2 \rightarrow CH_4 + 3\,Fe$

수소취성 방지금속 : Cr, Mo, W, Ti, V

㉴ 바나듐 어택 : $V_2O_5$에 의해 고온 부식

㉵ 암모니아에 의한 질화, 착이온 형성 : 구리, 은, 아연과 착이온 생성

㉶ 아세틸라이트 생성 :

$C_2H_2 + 2\,Cu \rightarrow Cu_2C_2 + H_2$ : 구리 62 % 미만의 강 사용

⑥ 수분에 의한 침식

㉮ 염소 : $Cl_2 + H_2O \rightarrow HCl + HClO$

㉯ 이산화황 : $SO_2 + H_2O \rightarrow H_2SO_3$

(황노점 부식) $H_2HO_3 + 1/2\ O_2 \rightarrow H_2SO_4$

내식성 강한 원소 : Ti, 내산도기, 유리, 염화비닐, 폴리프로필렌 수지

## (6) 저온취성

탄소강 등 대부분 금속은 저온으로 되면 인장강도, 항복점, 경도 등은 증가하나 신장, 단면 수축률, 충격치는 온도 저하와 더불어 감소하고, 어느 온도 이하에서는 거의 0으로 되어 소성 변형 능력을 잃어 극히 취약해지는 현상

- 저온 취성에 강한 재료 : 구리, 구리합금, 니켈, 니켈합금, 알루미늄, 알루미늄 합금, 18-8 스테인리스 강

# 5 저온장치

## 5.1 공기액화 분리장치

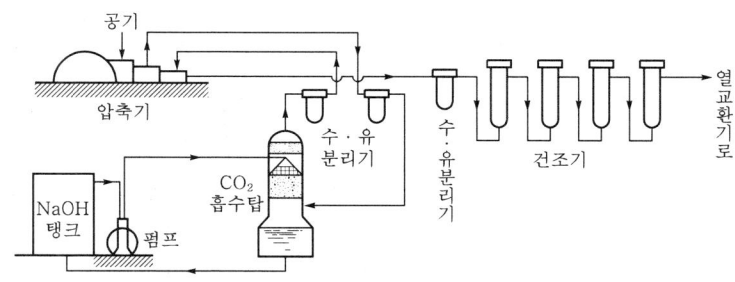

공기건조 계통도

### (1) 공기액화 분리장치의 폭발원인

① $C_2H_2$ 혼입시
② $O_3$ 혼입시
③ $NO$, $NO_2$ 혼입시
④ 열분해로 인한 탄화수소 생성시

### (2) 겔 건조기

① $SiO_2$, $Al_2O_3$, 소바비드 등의 건조제를 사용한다.
② 수분은 제거하나 이산화탄소는 제거하지 못한다.
③ 수분을 흡수한 건조제는 가열시켜 재생한다 (수분이 장치 내로 들어가면 응고되어 배관을 폐쇄시키고 동시에 부식의 원인이 되므로 제거해야 한다).

### (3) 이산화탄소 흡수탑

① 공기청정탑이라고도 한다.
② 원료 공기 중에 이산화탄소가 존재하면 저온장치에 들어가 이산화탄소가 고형 (드라이아이스)이 되어 밸브 및 배관을 폐쇄하여 장애를 일으킨다.
③ 이산화탄소 흡수탑에서 흡수제로는 일반적으로 NaOH 수용액이 쓰인다.

$$\frac{2NaOH}{80g} + \frac{CO_2}{44g} \rightarrow Na_2CO_3 + H_2O$$

$\frac{80}{44} = 1.82$ ($CO_2$ 1 g 제거시 가성소다가 약 1.82 g 필요하다.)

### (4) 정류탑

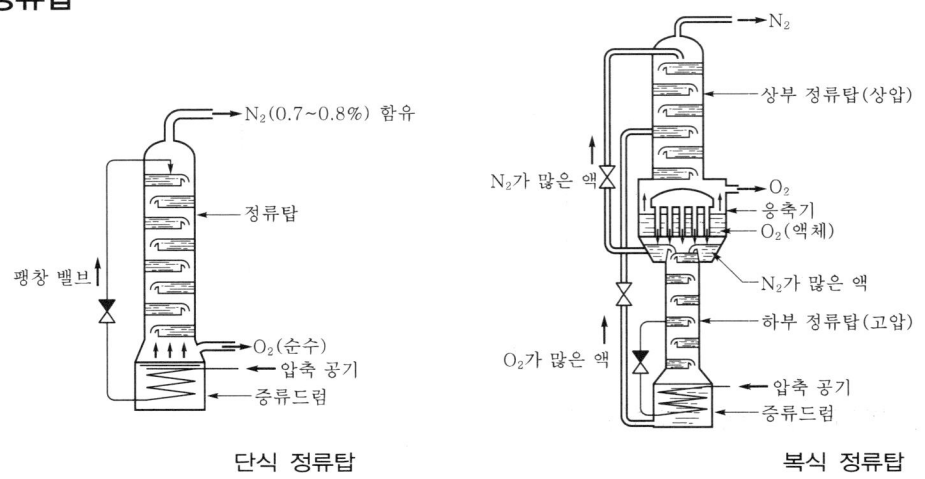

단식 정류탑 　　　　　　　　　　복식 정류탑

※ 단식 정류탑으로만 사용할 때 고순도의 질소나 산소를 얻을 수 없는 단점이 있다.
※ 응축기에서는 상부탑의 액체 산소의 증발잠열로 하부탑 상부에 있는 질소를 액화시킨다.

### (5) 린데식과 클로드식 장치

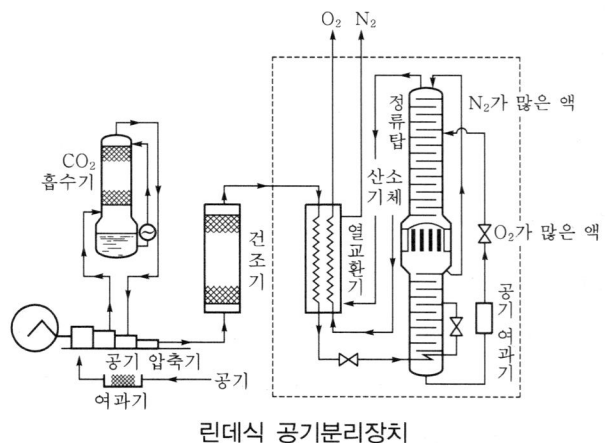

린데식 공기분리장치

제 5 장 ● 저온장치

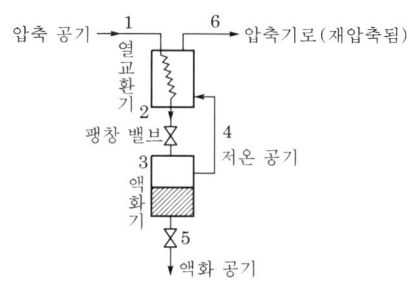 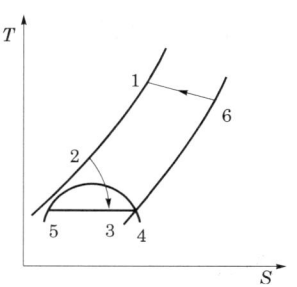

린데식 액화장치

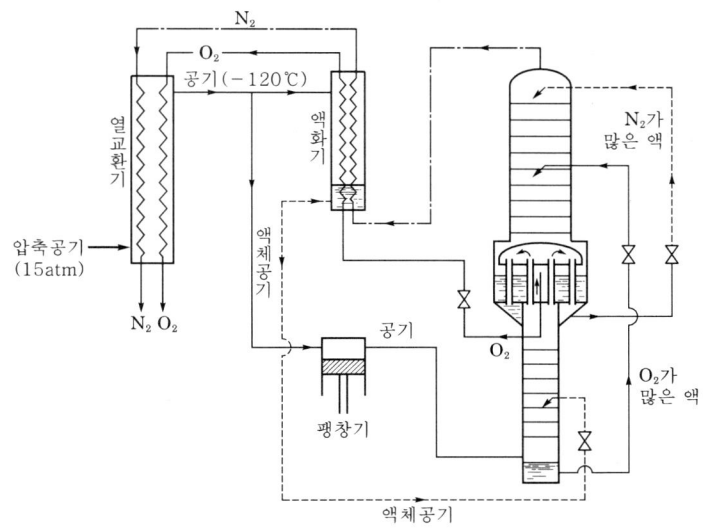

클로드식 정류장치

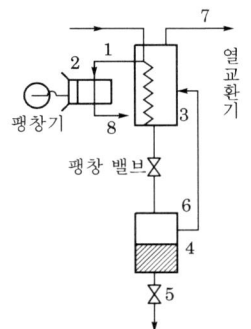 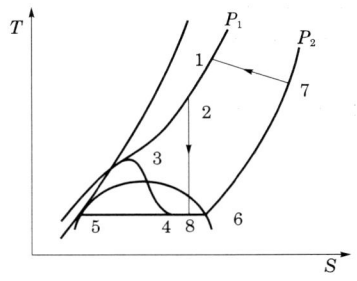

클로드식 액화장치

## 5.2 도면 해설

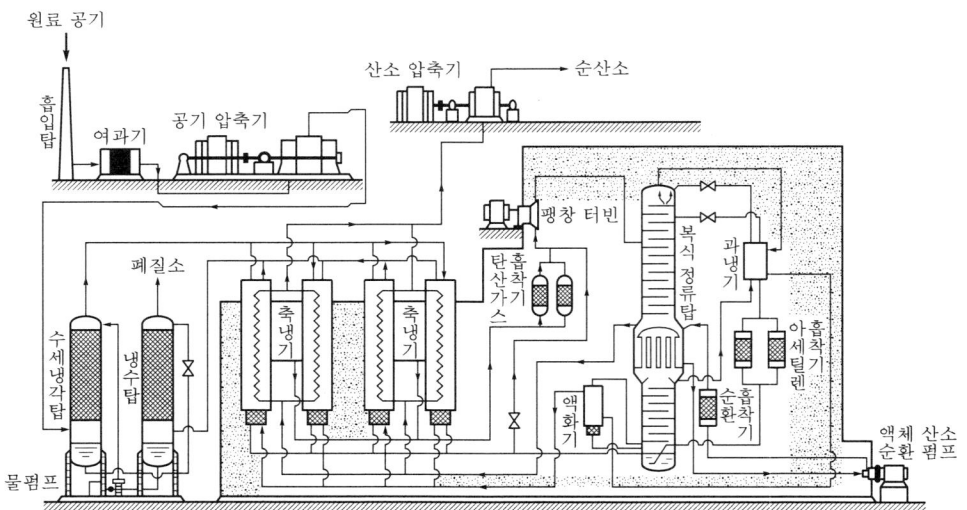

저압식 공기액화분리 플랜트 계통도

도면 해설
1. 공기압축기에서 $5kg/cm^2$ 정도로 압축된 공기는 수세냉각탑에서 냉수에 의해 냉각된다 (온도가 상승된 냉수는 다시 냉수탑 상부로 들어가서 폐질소에 의해 냉각되어 수세냉각탑으로 재순환된다).
2. 냉각된 공기는 2회 1조로 된 두 개의 축랭기로 들어가서 불순질소와 순산소에 의해 냉각되어 수분과 $CO_2$를 빙결분리하여 $-170℃$로 냉각되어 정류탑 하부로 들어간다.
3. 축랭기 중간에서는 $-120 \sim -130℃$ 정도의 공기는 $CO_2$를 함유하고 있으므로 탄산가스 흡착기로 가서 $CO_2$가 제거된 후 축랭기 하부에 공기와 혼합되어 $-150 \sim -140℃$가 되어 팽창기로 들어간다.
4. 팽창기를 나온 공기는 $-190℃$가 되어 상부탑으로 들어간다.
5. 탑 상부에서 분리된 질소는 과랭기, 액화기를 거쳐 축랭기로 들어가서 빙결분리된 $CO_2$와 수분을 기화시켜 같이 냉수탑을 거쳐 대기 중으로 방출된다.
6. 축랭기에서 빙결분리되지 않은 $CO_2$는 탄산가스 흡착기에서, $C_2H_2$는 아세틸렌흡착기에서, 탄화수소는 순환흡착기에서 흡착되어 제거된다.
   ※ 축랭기 : 불순물을 응축 또는 응고시켜 분리하는 장치

제 5 장 · 저온장치

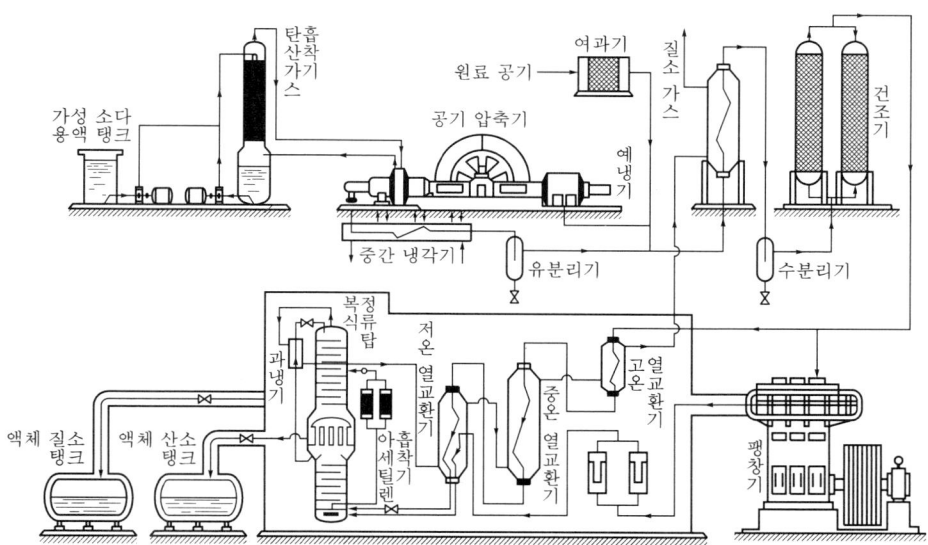

고압식 액체산소분리 플랜트 계통도

**도면 해설**
1. 가성소다 수용액의 농도는 8 %를 사용한다.
2. 탄산가스 흡수기로는 2단으로 압축된 15~20 kg/cm² 의 공기가 들어가서 $CO_2$ 가 제거된다.
3. $CO_2$ 흡수탑을 나온 공기는 150~200 kg/cm² (총 4단 압축)로 압축되어 유분리기를 거쳐 예냉기에서 $N_2$ 기체가 열 교환된다.
4. 겔 건조기에서 수분이 제거된 공기는 일부는 팽창기로 일부는 고온 → 중온 → 저온 열교환기를 거쳐 탑 하부로 들어간다.

## 5.3 냉동사이클

### (1) 냉동기 원리

① 압축과정 : 증발기에서 기화된 가스를 응축되기 좋은 조건으로 만든다.
② 응축과정 : 압축된 고온 고압의 가스의 열을 외부 공기 또는 냉각수에 방출하고 액화된다.
③ 팽창과정 : 고온 고압의 액을 저온 저압의 액으로 만든다.
④ 증발과정 : 저온 저압의 액이 증발되면서 주위의 열을 흡수한다.

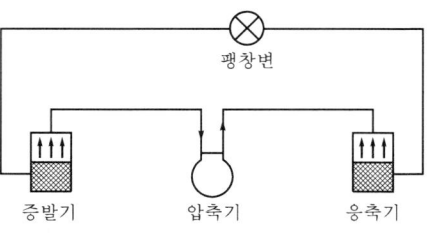

## (2) PI선도

① a → b 압축과정 (저온 저압의 증기가 고온 고압의 과열증기가 된다.)

② b → c 응축과정 (고온 고압의 증기가 고온 고압의 액이 된다.)

③ c → d 팽창과정 (고온 고압의 액이 저온 저압의 액이 된다.)

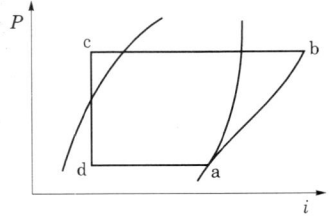

④ d → a 증발과정 (저온 저압의 액이 저온 저압의 증기가 된다.)
- 열 흡수 : 증발기
- 열 방출 : 응축기
- 등엔탈피 과정 : 팽창시
- 등엔트로피 과정 : 압축시
- 냉동기 효율 $C.O.P = \dfrac{a-d}{b-a}$

## (3) 효율의 종류

① 냉동기 효율(성적계수) $= \dfrac{T_2}{T_1 - T_2} = \dfrac{Q_2}{Q_1 - Q_2}$

② 열펌프 효율 $= \dfrac{T_2}{T_1 - T_2} = \dfrac{Q_2}{Q_1 - Q_2}$

③ 열효율 $= \dfrac{T_2}{T_1 - T_2} = \dfrac{Q_2}{Q_1 - Q_2}$

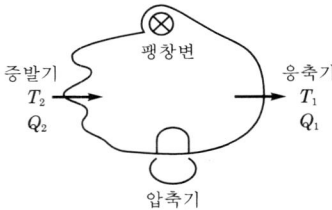

## (4) 선도의 종류

① $P-v$ 선도
- ㉮ 1 → 2 : 단열팽창
- ㉯ 2 → 3 : 등압흡열
- ㉰ 3 → 4 : 단열압축
- ㉱ 4 → 1 : 등압방열

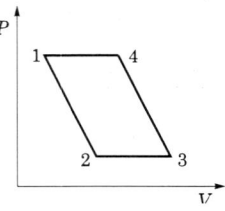

② $T-s$ 선도
- ㉮ 4 → 1 : 등온압축 (방출열량)
- ㉯ 2 → 3 : 등온팽창 (흡입열량)

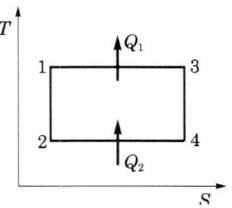

# 제 6 장 가스설비

## 6 가스설비

### 6.1 LPG 소비설비

**(1) LPG 용기**

① 탄소강으로 제작한 용접용기 (계목용기)이다.
② 재질은 C, P, S 비율이 적합하고 사용 중 견딜 수 있는 연성·점성·강도가 있으며, 충분한 내식성, 내마모성이 있을 것
③ 회색으로 도장하며 스프링식 안전밸브를 사용한다.
④ 용기에 관한 압력 ┌ 내압시험 : 30 kg/cm2, 기밀시험 : 18 kg/cm2
　　　　　　　　　　└ 안전밸브 작동압력 : 24 kg/cm2 이하 (30×0.8=24)
⑤ 용기 내의 LPG 충전량 계산식

$$G = \frac{V}{C}$$

여기서, $G$ : 충전질량 (kg), $C$ : 충전상수 ($C_3H_8 = 2.35$, $C_4H_{10} = 2.05$)
　　　　$V$ : 용기 내용적 (L)

**(2) LPG 설비의 완성검사**

① 완성검사 항목 : 내압시험, 기밀시험, 가스치환, 기능검사의 4종목
　㉮ 내압시험 : 물을 사용하므로 '수압시험'이라고도 하며, 시험압력은 충전용기 ↔ 조정기 사이의 배관 : 30 kg/cm$^2$, 조정기 ↔ 중간밸브 사이의 배관 : 8 kg/cm$^2$로 실시한다. 용기접속용 호스 : 2 kg/cm$^2$ (호스 길이 3 m 미만)
　㉯ 기밀시험 : 공기, 질소 등 불활성 가스를 사용하여 누설의 유무를 확인한다.
　㉰ 가스치환 : 기밀시험 후 공기, 질소 등을 퍼지하고 다시 가스로 치환한다.
　㉱ 기능검사 : 각 소비설비의 상태가 정상인가를 확인하는 것이다.

제3편 가스설비

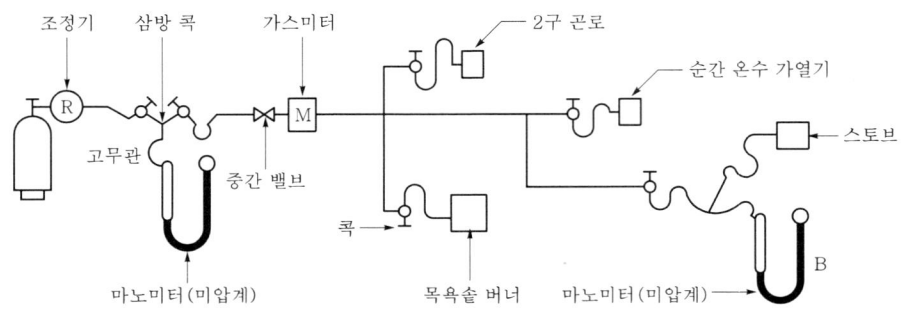

소규모 소비설비의 기능검사

② 검사내용
　㉮ 자동교체식은 정상 작동이 되는지 확인할 것
　㉯ 조정기의 폐쇄압력은 350 mmH$_2$O 이하일 것
　㉰ 조정압력은 수주 230~330 mmH$_2$O 범위이고 자동교체식은 255~330 mmH$_2$O
　㉱ 연소기의 연소상태가 정상일 것
　㉲ 누설이 없을 것
③ 검사방법
　㉮ 고무관, 삼방 콕, 가스미터 접속 A의 폐쇄압력은 350 mmH$_2$O 이하인가 확인한다.
　㉯ 마노미터 B는 230~330 mmH$_2$O 범위인가 확인한다.

## (3) 조정기 (레귤레이터)

① 기능
　㉮ 용기 내의 압력과 무관하게 연소하기 적당한 압력으로 감압하여 '유출압력 조절'로 안정된 연소를 도모한다.
　㉯ 가스의 소비량에 대응하여 공급압을 조절하고 소비가 중단되면 가스를 차단한다.
② 종류
　㉮ 단단 감압식 저압조정기, 단단 감압식 준저압조정기
　㉯ 2단 감압식 1차 조정기, 2단 감압식 2차 조정기
　㉰ 자동교체식 일체형 조정기, 자동교체식 분리형 조정기
③ 조정기의 사용상태
　㉮ 단단 감압식 조정기
　　㉠ 저압조정기 : 가정, 소량소비자에서 조정기 1개로 감압하는 것

ⓒ 준저압조정기 : 음식점 등에서 다량 보시할 때 조정기 1개로 감압하는 것

단단 감압식 저압조정기

㉯ 2단 감압식 조정기

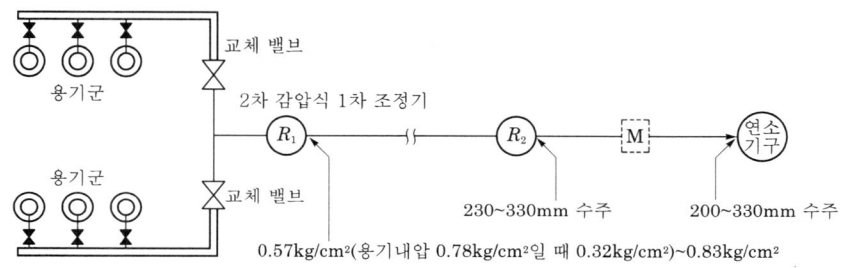

2단 감압식

㉠ 장점
- 입상배관에 의한 압력 손실을 보정할 수 있다.
- 배관이 길어도 공급압력이 안정된다.
- 중간배관의 지름이 작아도 된다.
- 각 연소기구에 알맞은 압력으로 공급이 가능하다.
- 조정기의 동결을 방지하는데 도움이 된다.

ⓒ 단점
- 설비가 복잡하다.
- 조정기 수가 많아서 점검개소가 많다.
- 부탄은 재액화의 문제가 있다.
- 검사방법이 복잡하고 시설의 압력이 높아서 이음방식에 주의해야 한다.

㉰ 자동교체식 조정기 : 사용측과 예비측의 2개열 용기군을 확보하고 사용측의 압력이 낮아져서 가스량이 부족해지면 자동으로 예비측의 용기로 전환하여 정상적인 가스공급을 유지한다.
㉠ 분리형 : 2단 감압방식이며, 2단 1차 기능과 자동교체 기능을 동시에 발휘한다.

ⓒ 일체형 : 2차측 조정기 1개로써 각 연소기구의 사용압력을 일체로 조정해 준다.

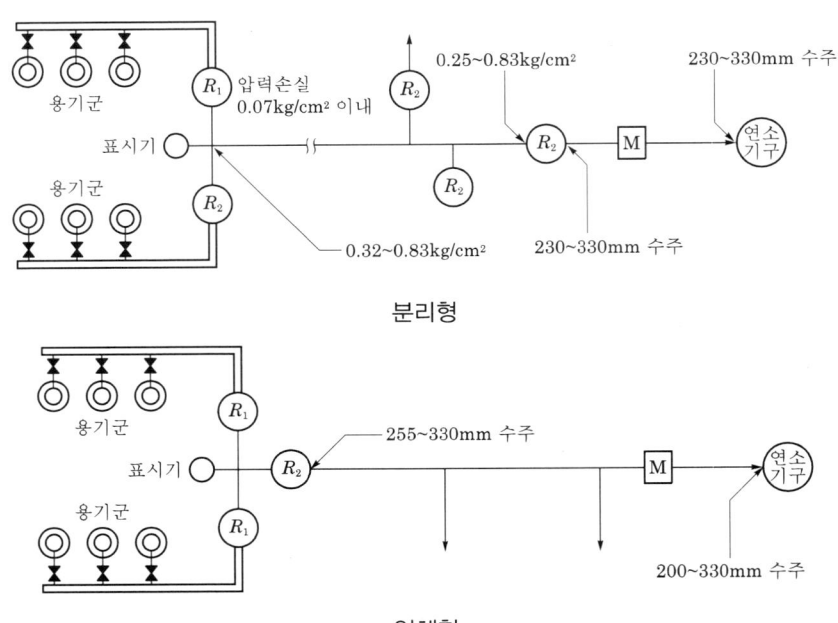

### (4) 가스계량기 (gas meter)

① 소비처로 공급되는 가스의 체적을 측정하는 데 사용한다.

㉮ 선정할 때 고려할 사항

ⓐ 사용 최대유량에 적합한 계량용량일 것 (법규상 최대유량 이상)

ⓑ 반드시 LPG용일 것

ⓒ 사용 중 기차 변화가 없고 정확하게 계측할 수 있을 것

ⓓ 내압, 내열성이 있으며 기밀성, 내구성이 좋을 것

ⓔ 부착이 간단하고 유지, 관리가 용이할 것

㉯ 감도유량 : 가스미터가 작동 개시하는 최소유량으로서, 일반가정용은 3 L/h 미터, 계량법상의 LPG용 가스미터는 15 L/h 이하이다.

㉰ 가스미터의 표시사항

ⓐ L/rev : 계량실의 1주기 체적

ⓑ MAX00 $m^3$/h : 사용 최대유량이 시간당 00 $m^3$임을 뜻함.

㉱ 설치 높이 : 건물 외부에 1.6 m 이상 2 m 이내로 수직, 수평 설치, 밴드로 고정

## (5) 기화기 (Vaporizer)

① 공업용 부탄을 소비할 때 : 부탄은 비점이 높고 증기압이 낮기 때문에 기화기가 필요함.
② 프로판을 대량 사용할 때 : 기화속도를 빠르게 하는 장점이 있다.

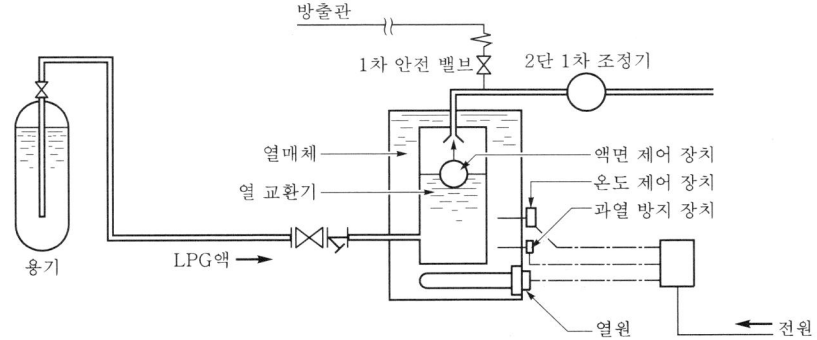

㉮ 열교환기 (기화부) : 액상의 LPG를 열교환에 의하여 기화시키는 부분이다.
㉯ 열매 온도 제어장치 : 열 매체의 온도를 일정한 범위로 유지한다.
㉰ 과열 방지 장치 : 열 매체가 이상 과열하면 히터로의 공급이 정지된다.
㉱ 일류 방지 장치 : LPG액이 액상을 유출하는 것을 방지하는 장치이다.
㉲ 압력조정기 : 기화되어 나온 가스를 소비목적에 따라서 일정한 압력으로 조절한다.
㉳ 안전밸브 : 기화장치의 내압이 이상 상승할 때 장치 내의 가스를 외부로 방출한다.

## (6) 소비시설

① 자연기화방식 : 용기 내의 LPG를 대기 중의 열을 흡수하여 기화시키는 가장 간단한 형태로서 특징은 다음 그림과 같다.

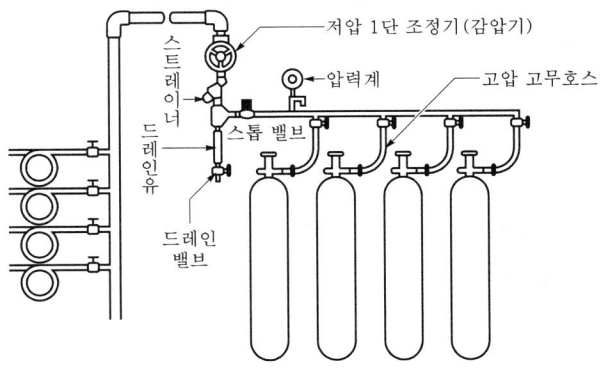

② 강제기화방식 : 대량 소비처에서 부탄을 사용할 경우에 기화기를 사용하여 강제로 기화시키는 장치이다.

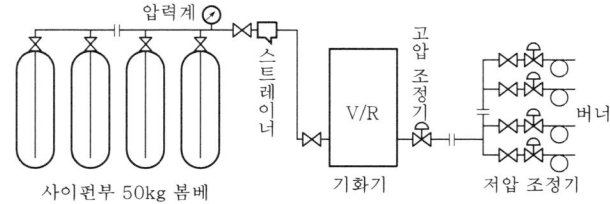

㉮ 생가스 공급방식

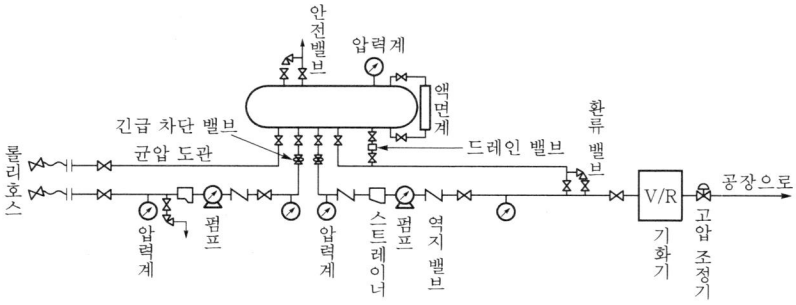

㉯ 혼합가스 공급방식 : 상압증류장치에 의한 제조공정

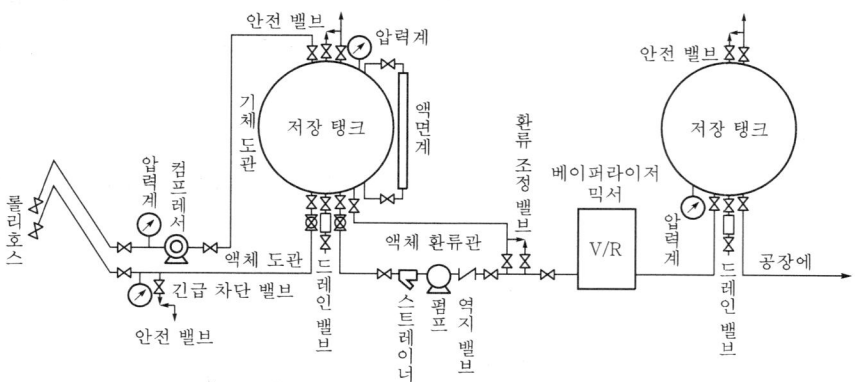

㉰ 변성가스 공급방식 : 부탄가스를 고온촉매를 사용하여 열분해한 다음, 이것을 $CH_4$, CO 등의 경질가스로 변성시켜서 공급한다. 주로 재액화를 방지하거나 특수용도로 사용하기 위한 방식이다.

## 6.2 LPG 배관설비 및 계산식

### (1) 배관지름의 결정

① 저압배관

$$Q = K\sqrt{D^5 \frac{H}{SL}} \qquad D = 5\sqrt{\frac{Q^2 SL}{K^2 H}}$$

여기서, $Q$ : 가스유량 (m³/h), $D$ : 관의 안지름 (cm), $H$ : 허용압력 손실 (mmH$_2$O)
$S$ : 가스의 비중(공기=1), $L$ : 관의 길이(m), $K$ : 유량계수(폴의 정수 0.707)

② 중·고압배관

$$Q = K\sqrt{(P_1^2 - P_2^2)\frac{D^5}{SL}}$$

$Q, D, S, L$ : 저압배관의 경우와 같다.

여기서, $P_1$ : 초압 (kg/cm² · a), $P_2$ : 종압 (kg/cm² · a), $K$ : 유량계수 (콕의 계수 52.31)

### (2) 노즐에서 LPG의 분출량

$$Q = 0.009 D^2 \sqrt{\frac{H}{S}}$$

여기서, $Q$ : 분출가스 (m³/h), $D$ : 노즐의 지름 (mm)
$S$ : 가스의 비중 (프로판 : 1.52, 부탄 : 2)
$H$ : 노즐의 직전의 가스압 (mmH$_2$O, 보통 280)

### (3) 배관의 입상에 의한 압력 손실

$$h = 1.293(1-S)H$$

여기서, $h$ : 가스의 압력 손실 (mmH$_2$O), $S$ : 가스의 비중, $H$ : 입상높이 (m)

### (4) LPG의 배관의 압력 손실

① 마찰저항에 의한 압력 손실
② 입상배관에 의한 압력 손실 : 가스의 하중에 의해 손실 발생
  (CH4, H2 등 비중이 1보다 작으면 압력이 상승된다.)
③ 밸브, 엘보 등 부속물에 의한 압력 손실

## 6.3 LPG 제조 및 부대설비

### (1) 제조설비

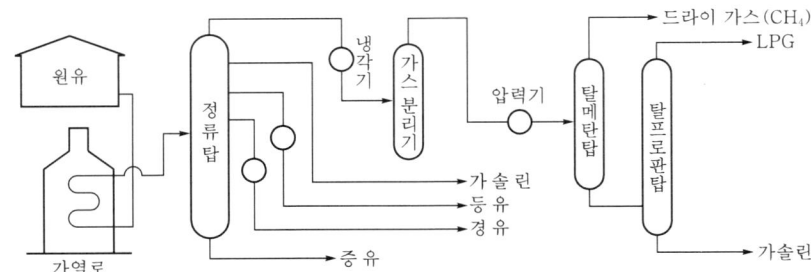

### (2) 저장설비

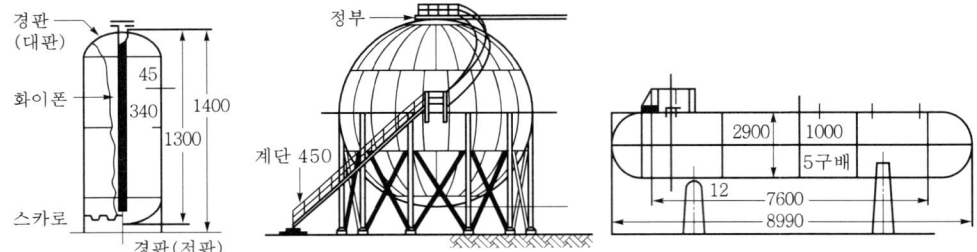

### (3) 공급설비

① 용기에 의한 공급방식 : 가정용이나 소량소비처에 사용되며, 10 kg, 20 kg, 50 kg의 용기 또는 2 t 정도의 컨테이너가 사용되기도 한다. 수송은 편리하나 값이 비싸며 수송비가 많아진다.

② 탱크에 의한 방법 : 공장 등 대량소비처에 사용되며, 설비가 복잡해진다.

### (4) 이송설비

① 차압방식 : 탱크로리와 저장탱크의 액상부를 직접 연결하여 액면의 차에 의한 중력차, 온도에 의한 압력 차를 이용하여 차압으로 이송하는 방식이다.

② 액펌프를 이용한 방식
  ㉮ 균압관이 없는 경우

## 제6장 ● 가스설비

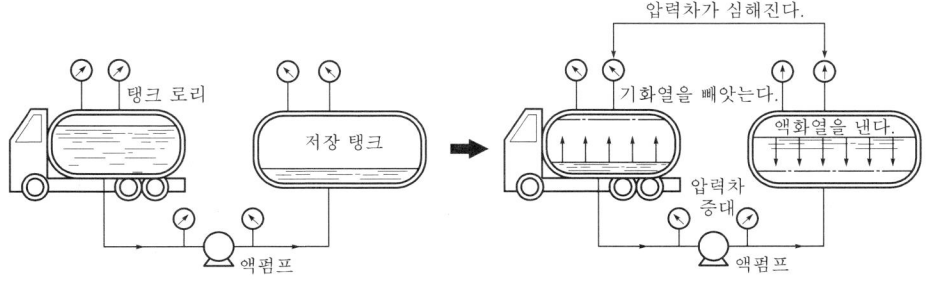

㉯ 균압관이 있는 경우

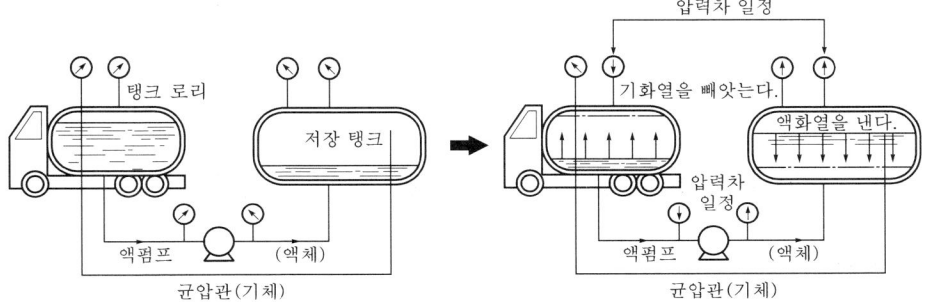

㉰ 액펌프를 사용할 때의 장·단점
  ㉠ 장점
    • 재액화현상이 일어나지 않는다.
    • 드레인현상이 일어나지 않는다.
  ㉡ 단점
    • 충전시간이 길다.
    • 잔가스 회수가 불가능하다.
    • 비점이 낮고 가압된 상태이므로 베이퍼 로크 현상이 일어나 누설의 원인이 된다.

③ 압축기를 이용한 방식
  ㉮ 장점
    ㉠ 펌프에 비해 충전시간이 짧다.
    ㉡ 압축기를 사용하기 때문에 베이퍼 로크 현상이 생기지 않는다.
    ㉢ 사방밸브를 이용하면 가스의 이송방향을 변경할 수 있다.

㉯ 단점
　㉠ 부탄의 경우 저온에서 재액화현상이 일어난다.
　㉡ 압축기의 오일 (기름)이 탱크에 들어가 드레인의 원인이 된다.

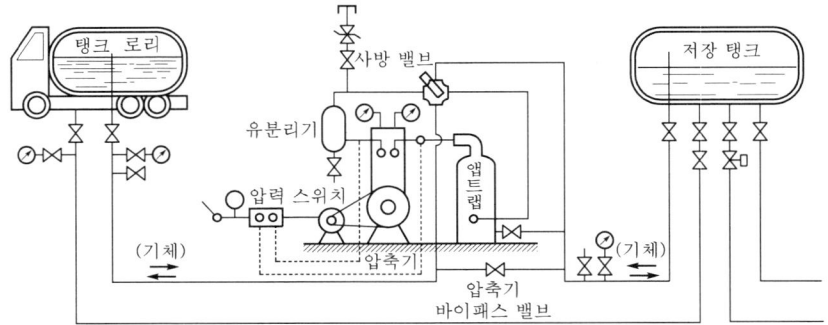

## 6.4 도시가스 공급방식 (LPG를 이용한 경우)

### (1) 직접법

LPG를 그대로 혹은 공기를 혼합시킨 상태로 공급하는 방법이다.

① 생가스 공급방식 : 액상의 LPG를 기화시켜 일정한 압력으로 조절하여 수용자에게 보내는 간단한 방법이다.

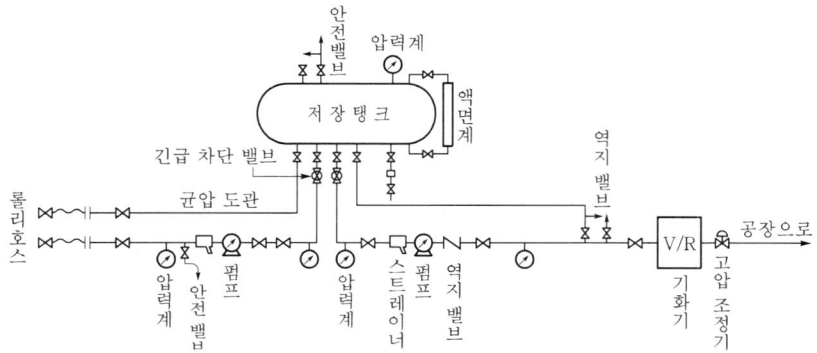

　㉮ 기화방법 : 자연기화방법, 강제기화방법이 있다.
　㉯ 특징 : 설비기구, 구조가 간단하고 설비비가 저렴하고 유지·관리도 용이하다.
② 공기혼합가스 공급방식 : 에어 다이루트 가스 (air dilute gas) 공급방식이라 하는데, 액상의 LPG를 기화시킨 것에 일정비율의 공기를 혼합시켜 공급하는 방식이다.

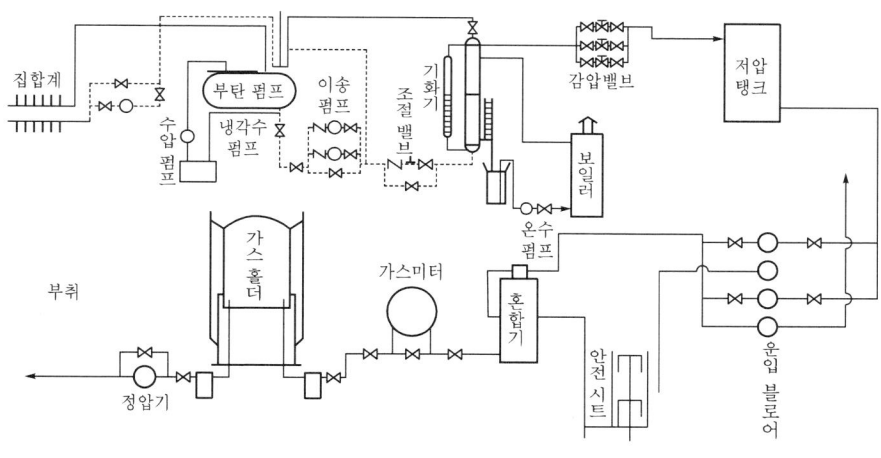

공기혼합방식

## (2) 간접법

LP 생가스를 다른 도시가스에 혼합하는 방법으로 발열량이 조절이나 피크 타임 때의 공급부족을 보충하는 데 사용한다.

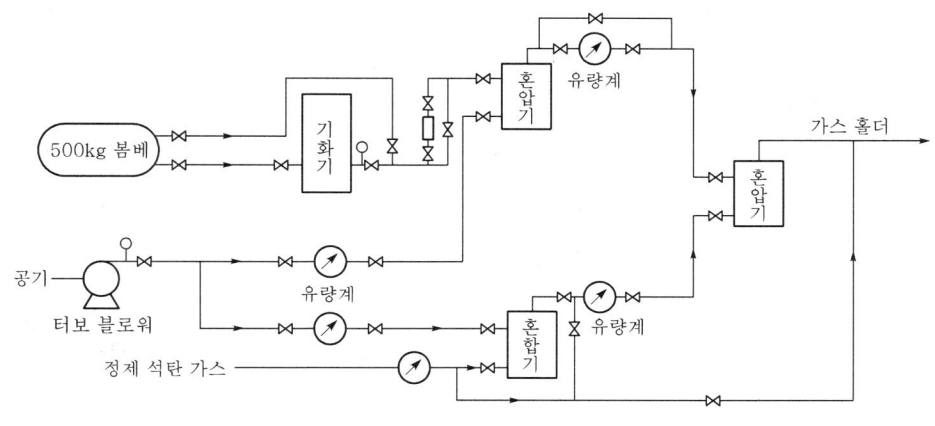

간접혼합방식에 의한 공급계열

## (3) 개질법 (변성법)

LPG를 다른 도시가스에 혼입하면 혼합방법에 한계가 있다. 한계 이상에서는 LPG를 변성하여 그 조성을 석탄가스에 가까운 개질가스로 만들 필요가 있다. 개질 (변성) 방식은 LPG를 변성한 개질가스를 혼입하는 방식이다.

## 6.5 도시가스 공급설비

### (1) 가스홀더 (gas holder)

① 기능
  ㉮ 가스 수요의 시간적 변동에 대하여 제조자가 충당할 수 없는 가스량의 공급을 확보한다.
  ㉯ 정전, 도관공사 등 제조나 공급설비의 일시적 중단에 대하여 어느 정도 공급량을 확보한다.
  ㉰ 조성이 변동하는 제조가스를 넣어 혼합하고 공급가스의 성분, 열량, 연소성 등의 성질을 균일화한다.
  ㉱ 홀더를 소비지역 근처에 설치하여 피크시의 공급, 수소효과를 얻는다.

② 가스홀더의 분류
  • 저압식 가스홀더 - 유수식, 무수식
  • 중·고압식 가스홀더 - 원통형, 구형
  ㉮ 유수식 : 물탱크 내에 가스를 띄워서 가스를 출입구에 따라서 가스탱크가 상승하고 수봉에 의하여 외기와 차단해서 가스를 저장한다.
    ㉠ 특징
      • 제조설비가 저압인 경우에 사용한다.
      • 구형 홀더에 비해 유효가동량이 많다.
      • 대량의 물을 필요로 하므로 기초설비가 커진다.
      • 가스가 건조하면서 물탱크의 수분을 흡수한다.
      • 압력이 가스탱크의 수에 따라 변동한다.
      • 한랭지에서는 물의 동결을 방지해야 한다.

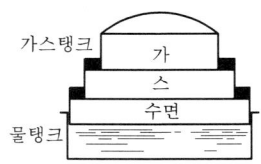

  ㉯ 무수식 : 실린더상의 외통과 그 내면에 따라 상하면은 피스톤 및 저판, 옥근판으로 구성된다. 가스는 피스톤의 아래에 저장되고 제조 가스량의 증감에 따라서 피스톤이 오르내린다. 무수식의 특징은 다음과 같다.
    • 물탱크가 없으므로 기초가 간단하고 기초설비가 절약된다.
    • 유수식에 비해 작동 중의 가스압이 거의 일정하다.
    • 저장가스를 건조한 상태로 저장할 수 있다.
    • 구형 홀더에 비하여 유효가동량이 크다.

㉰ 구형 가스홀더의 특징과 명칭

　㉠ 구형은 일정한 용량의 기체를 저장하는데, 가장 합리적인 형으로 표면적이 작아서 다른 가스홀더에 비해 단위저장 가스량당 사용강제량이 적다.

　㉡ 부지면적과 기초공사비가 적다.

　㉢ 가스를 건조상태로 저장할 수 있다.

　㉣ 가스의 송출에 가스홀더의 압력을 이용할 수 있다.

　㉤ 움직이는 부분이 없기 때문에 롤러(roller) 간격, 실(seal) 상황 등의 감시를 필요로 하지 않고 관리가 용이하다.

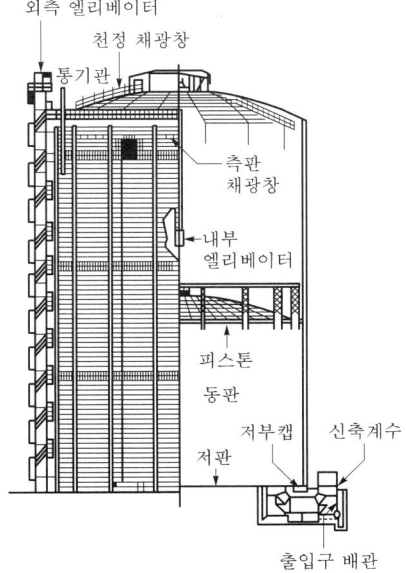

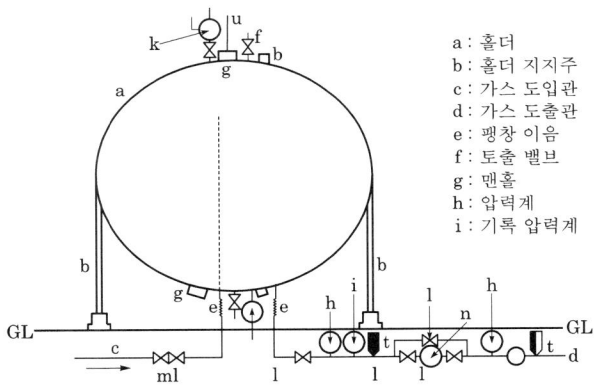

a : 홀더　　　　　　j : 경보장치부 압력계
b : 홀더 지지주　　　k : 안전 밸브
c : 가스 도입관　　　l : 스톱 밸브
d : 가스 도출관　　　m : 체크 밸브
e : 팽창 이음　　　　n : 정압기
f : 토출 밸브　　　　o : 오리피스 유량계
g : 맨홀　　　　　　p : 온도계 정착구
h : 압력계　　　　　t : 온도계
i : 기록 압력계　　　u : 피뢰침

③ 가스홀더의 용량 결정

　㉮ 가스제조량이 공급량보다 적은 시간에는 홀더에서 가스를 보충 공급받아 공급한다.

　㉯ 반대현상일 때는 저장하는 가동용량을 유지할 수 있는 가스홀더량을 보유해야 한다.

　㉰ 제조가스량은 일정하므로 다음과 같이 가스홀더량의 가동용량을 계산할 수 있다.

$$S \times a = \frac{t}{24} \times M + \Delta H$$

여기서, $M$ : 최대제조능력 ($m^3$/day), $S$ : 최대공급량 ($m^3$/day), $a$ : $t$시간의 공급량
$t$ : 시간당 공급량이 제조능력보다 많은 시간 (h)
$\Delta H$ : 가스홀더의 가동용량 ($m^3$/h)

※ 공칭용량 $H$는 가동용량보다 20~30 % 큰 용량을 필요로 한다.

## (2) 도시가스 공급방법

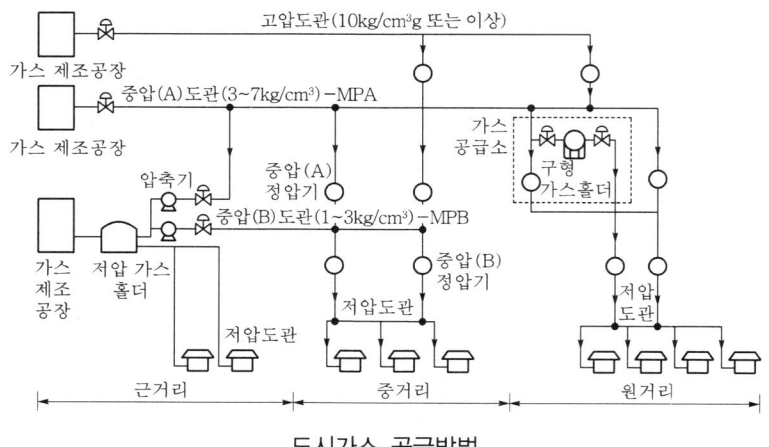

도시가스 공급방법

## (3) 압송기

도시가스는 일반적으로 가스탱크에서 도관으로 각 지역에 공급되며, 그 압력은 가스홀더의 압력보다 낮다. 즉, 가스의 수요가 적은 경우에는 그 압력으로도 충분하나 공급지역이 넓어 수요가 많은 경우에는 가스의 압력이 부족하여 압송기를 사용해서 공급해 준다. 이것을 압송기라고 한다.

## (4) 정압기 (거버너 : governor)

가스를 공급할 때 고압방식, 중압방식, 저압방식의 채용은 수송능력의 증대 및 가스홀더 등 공급설비의 효율적인 운용을 꾀하는 데 있으며, 가스의 공급압력이 극히 제한 된 영역에서 고압에서 중압으로, 중압에서 저압으로 감압하여 사용기구에 맞는 적당한 압력으로 감압하고 공급하기 위하여 사용되는 것이 정압기이다. 정압기는 가스가 통과하는 배관의 적당한 곳에 설치하며, 1차 압력 및 부하유량의 변동에 관계없이 2차 압력

을 일정한 압력으로 유지하는 기능을 가지고 있다. 즉, 시간별 가스 수요량의 변동에 따라 공급압력을 소요압력으로 조정한다.

① 작동원리

㉮ 직동식 정압기

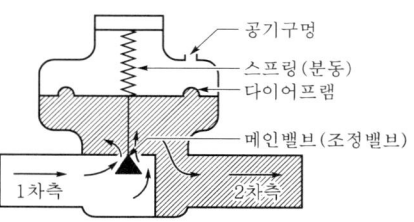

㉠ 설정압력이 유지될 때 : 다이어프램에 걸려 있는 2차 압력과 스프링의 힘이 평형상태를 유지하면서 메인 밸브는 움직이지 않고 일정량의 가스가 메인 밸브를 경유하여 2차 측으로 가스를 공급한다.

㉡ 2차측 압력이 높을 때 : 2차측 가스수요량이 상승하나, 이때 다이어프램을 들어 올리는 힘이 증가하여 스프링의 힘에 이기고 다이어프램에 직결된 메인 밸브를 위쪽으로 움직여 가스의 유량을 제한하므로 설정압력이 2차 압력을 유지하도록 작동한다.

㉢ 2차측 압력이 낮을 때 : 2차측 사용량이 증가하여 2차 압력이 설정압력 이하로 떨어질 경우 스프링의 힘이 다이어프램을 받치고 있는 힘보다 커서 다이어프램에 연결된 메인 밸브를 열리게 하여 가스의 유량이 증가하게 되며, 2차 압력을 설정압력으로 유지하도록 작동한다.

㉯ 파일럿 로딩형 정압기

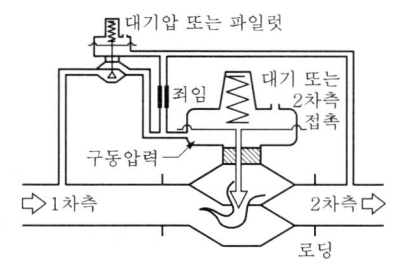

㉠ 2차 압력이 설정압력으로 되어 있는 경우 (평형상태) : 파일럿 다이어프램에 가해지는 2차 압력과 파일럿 스프링의 힘이 평형하기 때문에 파일럿 밸브는 항상 일정한 열림상태를 유지한다.

따라서, 파일럿계에서는 일정량의 가스가 흐르고 파일럿과 교축(죄임) 사이의 구동압력은 일정압력을 유지하며, 본체 다이어프램에 걸리는 압력과 본체 스프링의 힘이 평형한 위치에서 밸브는 정지되어 있으며, 일정량의 가스가 본체밸브를 경유하여 2차측으로 흐른다.

㉡ 2차 압력이 설정압력 이상으로 된 경우 : 2차측의 사용량이 감소하면 2차 압력이 설정 압력 이상으로 상승한다. 이 경우, 파일럿 다이어프램을 밀어 올리는 힘이 파일럿계에 공급하는 가스량을 감소한다.

이에 따라 구동압력이 저하하고 본체 스프링의 힘이 본체 다이어프램을 밀어 올리는 힘보다 커지고 본체 밸브를 아래쪽으로 내려 가스의 유량을 제어하고 2차 압력을 설정압력으로 되돌리도록 작동한다.

ⓒ 2차 압력이 설정압력보다 낮은 경우 : 2차 압력이 설정압력 이하로 저하한다. 이 경우, 파일럿 밸브를 아래로 움직여 파일럿계에 공급하는 가스량을 증가시킨다. 이때, 교축에 의해 구동압력이 2차측으로 도피되는 것이 제한되기 때문에 구동압력이 상승하고 본체 다이어프램을 밀어 올리는 힘이 본체 스프링의 힘보다 커지면 본체 밸브를 위로 움직여 가스의 유량을 증가하여 2차 압력이 설정압력까지 회복되도록 작동한다.

㉰ 파일럿 언로딩형 정압기

㉠ 2차 압력이 설정압력으로 되는 경우(평형상태) : 파일럿 다이어프램에 걸리는 2차 압력과 파일럿 스프링의 힘이 평형되어 있기 때문에 파일럿 밸브는 움직이지 않고 파일럿계에 일정량의 가스가 흐른다. 이때문에 구동압력은 일정하고 본체 다이어프램에 가해지는 압력과 본체 스프링의 힘이 평행하기 때문에 본체 밸브를 경유하여 2차측으로 흐른다.

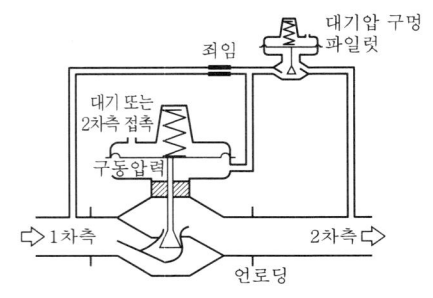

파일럿 언로딩형

㉡ 2차 압력이 설정압력 이상으로 될 경우 : 2차측의 가스사용량이 감소하면 2차 압력이 설정압력 이상으로 상승하지만, 이때의 파일럿 밸브를 위쪽으로 작동시켜 파일럿계를 흐르는 가스의 유량을 제어한다.

이에 따라 구동압력이 상승하여 본체 다이어프램을 밀어 올리는 힘이 본체 스프링의 힘보다 크게 되어 본체 밸브를 위쪽으로 움직여 가스의 유량을 제어하여 2차 압력을 설정 압력으로 되돌리는 작동을 한다.

㉢ 2차 압력이 설정압력보다 낮아지는 경우 : 2차측의 사용압력이 증가하면 2차 압력이 설정압력 이하로 낮아진다. 이 경우, 파일럿 스프링의 힘이 파일럿 다이어프램을 밀어 올리는 힘보다 크면 파일럿 밸브를 아래쪽으로 낮추는데 따라서 파일럿계에 흐르는 가스의 유량이 증가한다. 이때, 1차 압력은 교축(죄임)으로 제어되므로 구동압력이 낮아지고, 본체 스프링의 힘이 본체 다이어프램을 밀어

붙이는 힘보다 크게 되어 본체 밸브를 아래쪽으로 낮추어 가스의 유량을 증가시 킴으로써 2차 압력을 설정압력까지 회복하도록 작동한다.

② 정압기의 구조에 의한 구분

| 종 류 | 특 징 | 사용압력 |
|---|---|---|
| 피셔식 | 로딩형<br>정특성, 동특성이 양호하다.<br>비교적 콤팩트하다. | 고압중압 A<br>중압 A중압, 중압<br>중압 중압, 저압 |
| 액슬-플로어식 | 변칙 언로딩<br>정특성, 동특성이 양호하다.<br>고차압이 될수록 특성 양호<br>극히 콤팩트하다. | 위와 같다. |
| 레이놀즈식 | 언로딩형<br>정특성은 극히 좋으나 안정성이 부족하다.<br>다른 것에 비하여 크다. | 정압 저압<br>저압 저압 |
| KRF식 | 레이놀즈식과 같다. | 레이놀즈식과 같다. |

㉮ 피셔 (fisher)식 정압기

㉠ 2차측 부하가 없어 2차 압력이 상승할 때 : 2차 압력이 상승하여 파일럿의 공급밸브가 닫히고 배출밸브는 열려 다이어프램의 구동압력이 저하하기 때문에 메인 밸브는 스프링의 힘에 의하여 닫혀 있게 된다.

㉡ 2차측 부하가 발생하여 2차 압력이 저하할 때 : 2차 압력 조절관으로 연결된 파일럿 상부의 압력도 내려간다. 그러면 파일럿 하부의 스프링이 작동하여 상하가 함께 움직이는 파일럿 다이어프램을 위쪽으로 밀어 올린다. 그러면 공급밸브가 열림과 동시에 배출밸브는 닫히고 1차측 압력이 공급밸브에서 주 다이어프램 하부에 도입되어 구동압력이 상승하여 정압기 본체의 스프링 의 힘에 견디어 메인 밸브를 위쪽으로 밀어 올린다. 그리하여 가스는 메인 밸브에서 2차측으로 흘러 가스 수요를 충당한다.

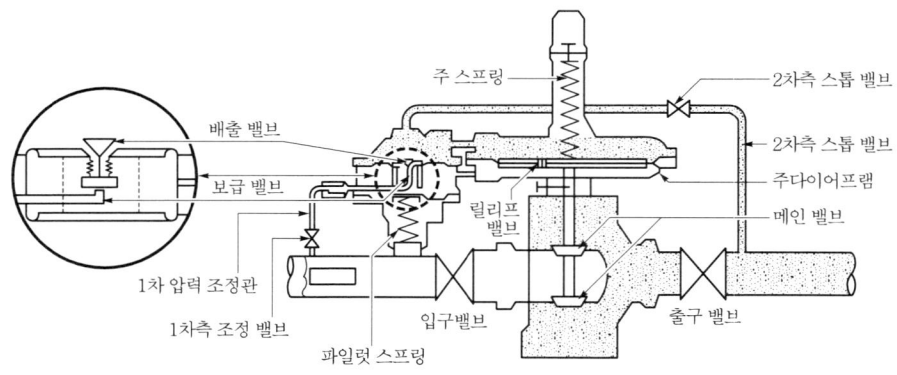

**피셔식 정압기의 작동상황 플로 차트**

| 항 목 | 상 황 | | 비 고 |
|---|---|---|---|
| 수용가의 가스사용 상황 | 사용량 증가 | 사용량 감소 | |
| | ↓ | ↓ | |
| 2차 압력 | 저 하 | 상 승 | |
| | ↓ | ↓ | |
| 파일럿 다이어프램 | 올라간다 | 내려간다 | 정압기 2차 압력의 설정은 스프링의 조정으로 한다. |
| | ↓ | ↓ | |
| 파일럿 다이어프램 공급밸브, 배출밸브 | 닫 힌 다<br>열 린 다 | 열 린 다<br>닫 힌 다 | |
| | ↓ | ↓ | |
| 구동압력 | 상 승 | 저 하 | |
| | ↓ | ↓ | |
| 메인밸브 | 열 린 다 | 닫 힌 다 | |

④ 레이놀즈 (Reynolds)식 정압기

㉠ 2차측의 부하가 전혀 없을 때 (저압 보조정압기는 폐지상태) : 중압 보조정압기는 구동압력 (중간압력)이 450~500 mmH₂O로 설정되어 있으므로, 이 압력이 조절관을 경유하여 조동 볼 (oxalic ball)의 다이어프램 아래쪽에 가해져 정압기를 밀어 올려 메인밸브를 닫는다.

제 6 장 · 가스설비

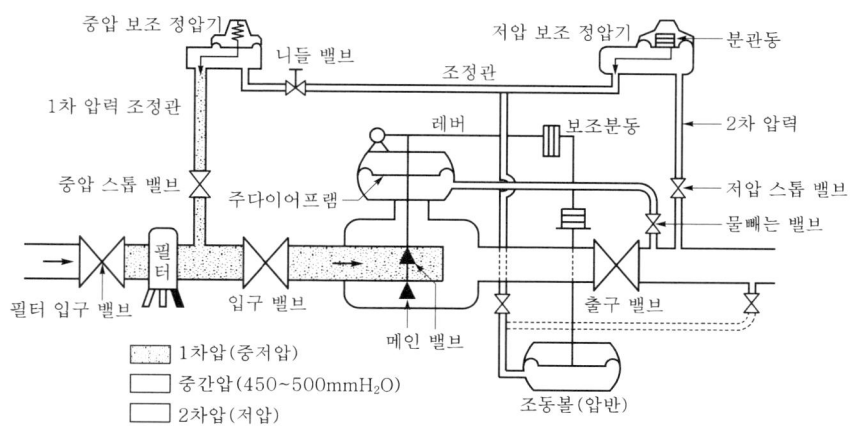

### 레이놀즈 정압기의 작동상황 플로차트

| 항 목 | 상 황 | | 비 고 |
|---|---|---|---|
| 수용가의 가스 사용 상황 | 사용량 증가 | 사용량 감소 | |
| 2차 압력 | 저 하 | 상 승 | |
| 저압보조압기의 열림 | 증 대 | 내려간다 | |
| 중간압력 | 저하한다 | 열 린 다 | 설정압력은 분동(分銅)으로 조정·설정압력은 450~500 mmH₂O |
| 보조압력 내의 다이어프램 | 약 해 진 다 | 강 해 진 다 | |
| 램을 밀어 올리는 힘 | 내 려 간 다 | 올 라 간 다 | |
| 보조압력 내의 다이어프램의 위치 | 내 려 간 다 | 올 라 간 다 | |
| 조봉(내려뜨리는 철봉), 레버, 메인 밸브의 위치, 메인밸브의 열림 정도 | 증 대 | 사용량 증가 | |

ⓒ 2차측에 부하가 발생하여 2차 압력이 저하할 때 : 저압 보조정압기가 작동하여 조동 볼 내의 가스가 2차측에 흐르기 시작한다. 이때, 중압 보조정압기도 작동하나 조동 볼과의 사이에 니들 밸브에 의한 조리개가 있어서 유량이 제한되므로 조절관의 중앙압력이 저하하여 조동 볼의 다이어프램이 하강하게 되어 레버를 내려 메인 밸브가 열린다.

ⓒ 부하가 감소하여 2차 압력이 상승하면 저압 보조정압기의 열림 정도가 작아져 중간압력이 상승하여 메인 밸브의 열림 정도를 낮추게 한다.
ⓔ 2차 압력의 설정은 저압 보조정압기에 올려놓는 작은 분동의 수로 조절한다.
㉰ A.F.C식 정압기
ⓐ 2차측의 부하가 전혀 없을 때에는 2차 압력이 상승하여 파일럿 다이어프램이 아래쪽으로 밀어내려 파일럿 밸브가 닫히게 된다. 그러면 2차 압력이 고무 슬리브와 보디 사이에 도입되어 이때문에 고무 슬리브 상류측과의 차압이 없어져 고무 슬리브는 수축하여 게이지에 밀착한다. 이로 인하여 고무 슬리브는 하류측에서 1차 압력과 2차 압력의 차압을 받아 가스를 완전히 차단한다.

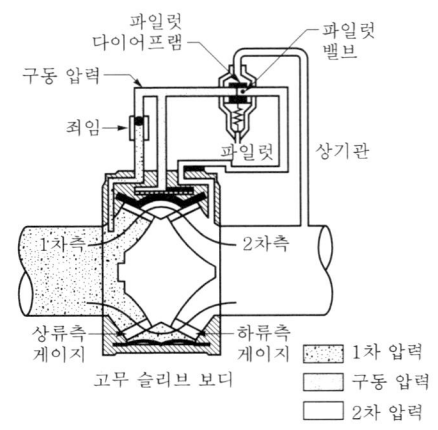

고무 슬리브 보디

ⓑ 2차측에 부하가 발생하여 2차 압력이 저하하면 파일럿 스프링이 작동하여 파일럿 다이어프램을 위쪽으로 밀어 올린다. 이에 의하여 파일럿 밸브가 열리면서 작동압력은 2차 측으로 빠지게 된다. 이때, 1차측에서 가스가 흘러 들어오나 조리개로 제한하게 되어 있으므로 작동압력이 저하되어 고무 슬리브 내외에 압력차가 생겨서 고무 슬리브가 바깥 쪽에 확장되어 가스가 흐른다.
부하가 감소하여 2차 압력이 상승하면 파일럿 다이어프램이 아래쪽에 밀어내려져 파일럿 밸브의 열림 정도가 감소하여 작동압력의 빠짐부가 작아지므로 작동압력은 상승하게 된다. 이에 의해서 고무 슬리브 내외의 차압이 감소하여 고무 슬리브가 수축하므로 가스유로가 축소하여 가스량이 감소하게 된다.

### A.F.V식 정압기 작동상황 플로 차트

| 항 목 | 상 황 | | 비 고 |
|---|---|---|---|
| 수용가의 가스사용 상황 | 사용량 증가 | 사용량 감소 | 정압기 2차 압력의 설정은 스프링의 조정으로 한다. |
| 2차 압력 | 저 하 | 상 승 | |
| 파일럿 밸브의 열림 정도 | 증 대 | 내려간다 | |
| 구동압력 | 저하한다 | 열 린 다 | |
| | 약 해 진 다 | 강 해 진 다 | |

③ 정압기의 특성

㉮ 정특성 : 정상상태에서의 유량과 2차 압력의 관계

㉯ 동특성 : 부하의 변화가 큰 곳에 사용되는 정압기에 대해 중요한 특성이다. 부하의 변동에 대한 응답의 신속성과 안정성이 모두 요구된다.

㉰ 유량 특성 : 밸브와 유량과의 관계

㉱ 사용 최대차압 및 작동 최소차압

④ 직동식과 파일럿의 특성 비교

⑤ 정압기의 부속설비

㉮ 불순물 제거장치 (필터) : 배관 내의 먼지가 이동하여 정압기의 메인 밸브나 보조 정압기의 노즐 등에 부착하여 작동불량 원인이 되는 것을 방지하기 위한 것이다.

㉯ 이상압력 상승 방지장치 : 정압기의 고장으로 인하여 1차측의 가스가 2차측에 유입하여 2차측 배관의 압력이 상승하면 연소불량, 가스미터 파손, 배관 누설 등 위험한 상태로 되므로 이를 방지하기 위해 사용한다.

㉰ 자동승압장치 : 가스수요량이 단기간에 증가하여 피크시 배관 말단의 압력이 현저히 저하할 때 자동승압시킨다.

## (5) 부취제

① 액체주입식 부취설비 : 가스량의 변동에 대응하기 쉽다.

　㉮ 펌프 주입방식 : 규모가 큰 장치에 적합하며, 소용량의 다이어프램 펌프에 의하여 부취제를 직접 가스 중에 주입한다.

　㉯ 적하 주입방식 : 간단한 형태로, 부취제 주입을 가스압으로 조절하며 중력에 의하여 부취제를 가스 중에 적하한다. 유량의 변동이 적은 소규모의 부취제에 많이 쓰인다.

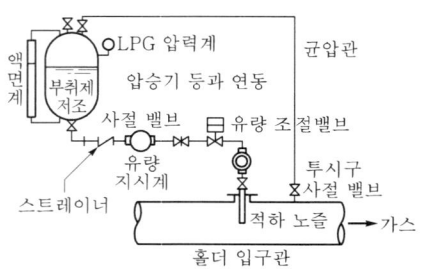

적하주입방식

② 증발식 부취설비

　㉮ 부취제의 증기를 가스류에 혼합하는 방식으로 동력이 필요 없고 설비가 싸다.

　㉯ 설치장소는 압력과 온도의 변화가 작고, 관 내의 유속이 큰 것이 바람직하다.

　㉰ 부취제 첨가율을 일정하게 유지하기 어렵고 변동이 적은 소규모 부취에 쓰인다.

　㉱ 바이패스 증발방식이 대표적이다.

　㉲ 부취 조절 범위가 제한된다.

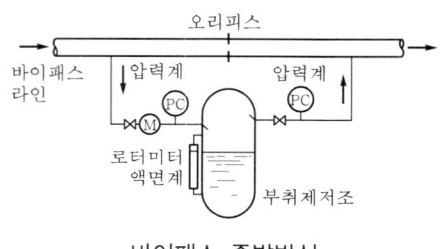

바이패스 증발방식

## (6) 웨버지수와 연소속도지수

① 웨버지수 : 가스의 발열량을 비중의 평방근으로 나눈 것으로서 가스의 연소성 판단에 중요한 수치이다.

$$W_I = \frac{H_g}{\sqrt{d}}$$

여기서, $H_g$ : 도시가스의 총발열량 (kcal/m$^3$), $d$ : 도시가스의 공기에 대한 비중 (공기=1)

② 연소속도 ($C_p$)

$$C_p = k \frac{1.0\text{H}_2 + 0.6(\text{CO} + \text{C}_m\text{H}_n) + 0.3\text{CH}_4}{d}$$

여기서, $\text{H}_2$ : 가스 중의 수소함량 (Vol, %), CO : 가스 중의 일산화탄소함량 (Vol, %)

$\text{C}_m\text{H}_n$ : 가스 중의 메탄을 제외한 탄화수소함량 (Vol, %)

$\text{CH}_4$ : 가스 중의 메탄의 함량 (Vol, %), $d$ : 가스의 비중

$k$ : 가스 중의 산소함량에 따른 정수

③ 연소속도의 종류 : A, B, C의 3종류가 있다.

| 연소속도의 종류 | 연소속도의 범위 |
|---|---|
| A | $13.5 + 0.002041\,W_I$ 이상 $40.8 + 0.004082\,W_I$ 이하 |
| B | $19.5 + 0.004859\,W_I$ 이상 $30.5 + 0.009397\,W_I$ 이하 |
| C | $17.1 + 0.007558\,W_I$ 이상 $40.5 + 0.014535\,W_I$ 이하 |

## (7) 연소기의 입력 (input) 조정

$$I = 0.011 D^2 \times K \times W_I \times \sqrt{P}$$

여기서, $I$ : 입력 (kcal/h), $W_I$ : 웨버지수, $D$ : 노즐의 구멍지름 (mm)

$P$ : 가스압력 (mmH$_2$O), $K$ : 유량계수 (약 0.8)

사용하는 가스가 결정되면 웨버지수와 가스압력은 정해져 있으므로 변경시킬 수 있는 것은 노즐 구멍지름 ($D$)뿐이다. 이 노즐 구멍지름의 변경은 변경 전·후 가스의 웨버지수, 가스압력에 따라 다음 식으로 계산할 수 있다.

$$\frac{D_1}{D_2} = \frac{\sqrt{W_{I2}\sqrt{P_2}}}{\sqrt{W_{I1}\sqrt{P_1}}}$$

# PART 04 연소공학

❶ 연소와 연료
❷ 폭발과 폭굉
❸ 연소 계산과 고압가스의 특성
❹ 연소공학 핵심정리

 # 연소공학

## 1 연소와 연료

### 1.1 연소

#### (1) 연소의 정의

연소란 가연성 물질이 산소와 반응하여 빛과 열을 얻는 화학적 반응을 말한다.

① 가연성 물질 + 지연성 + 점화원 = 연소 (빛과 열을 수반)

② 가연성 물질 + 지연성 = 연소화합물 (발열반응)

**※ 연소에 의한 빛**
500℃ 부근, 적열상태
1000℃ 이상, 백열상태

| 색 깔 | 온 도 | 색 깔 | 온 도 |
|---|---|---|---|
| 암적색 | 700℃ | 황적색 | 1100℃ |
| 적 색 | 850℃ | 백적색 | 1300℃ |
| 휘적색 | 950℃ | 휘백색 | 1500℃ |

#### (2) 연소의 3요소

① 가연성 물질 : 고체, 액체, 기체로 구분되며 기체인 경우 가연성 가스라고 한다.

② 산소 공급원 : 공기 중의 산소, 순산소 등 자신은 연소하지 않고 가연성 물질의 연소를 돕는 조연성 (지연성)이다.

**※ 가연성 물질이 될 수 없는 것**
① 주기율표의 0족 원소 (불활성 원소)
② 흡열반응원소 (예 $N_2 + \frac{1}{2}O_2 \rightarrow N_2O - 19.5$ kcal)
③ 이미 산소와 화합하여 더 이상 화합할 여지가 없는 원소

③ 점화원 : 활성화 에너지를 주는 것 착화원

> 화기, 전기불꽃, 정전기불꽃, 마찰열, 충격, 고열물, 단열압축, 산화열 등이 있다.

※ **가연성 물질이 되기 쉬운 것**
① 연소열이 많은 것
② 열전도율이 작은 것
③ 활성화 에너지가 작은 것

### (3) 연소반응속도가 빨라지는 요인

① 분자의 충돌횟수가 많을수록
② 활성화 에너지가 작을수록
③ 반응온도가 높을수록 (10℃ 상승에 따라서 2배씩 증가)

### (4) 인화점과 발화점

① 인화점 : 공기 중에서 가연성 물질에 점화원(불씨, 불꽃)을 접촉시켰을 때 연소하는 최저온도
② 발화점 : 불씨가 없이 연소가 일어나는 최저온도(착화점), 발열량이 크고, 반응활성속도가 클수록 저하

㉮ 인화점과 발화점은 낮을수록 위험하다.
㉯ 탄화수소에서 착화점은 탄소수가 많은 분자일수록 낮아진다.
㉰ 최소점화에너지 : 가스가 발화하는 데 필요한 최소에너지로서 가스의 압력과 온도, 조성에 따라서 다르다.

※ **발화점에 영향을 주는 인자**
① 가연성 가스와 공기의 혼합비     ② 발화가 생기는 공간의 형태와 크기
③ 가열속도와 지속시간             ④ 기벽의 재질과 촉매효과
⑤ 점화원의 종류와 에너지 투여법

※ **주요가스의 착화점**
① 프로판 : 460~520℃           ② 부탄 : 430~510℃
③ 아세틸렌 : 400~440℃         ④ 일산화탄소 : 637~658℃
⑤ 수소 : 580~590℃             ⑥ 가솔린 : 210~300℃
⑦ 에틸렌 : 500~519℃           ⑧ 메탄 : 615~682℃

### (5) 가연성 물질의 연소형태

① 기체연소 : 발염연소, 확산염소
② 액체연소 : 증발연소
③ 고체연소
  ㉮ 표면연소 : 목탄, 코크스, 금속분 등
  ㉯ 분해연소 : 목재(가연성 가스가 발생한 후에 연소), 석탄, 종이, 플라스틱
  ㉰ 증발연소 : 황, 나프탈렌, 휘발유, 등유, 경유 등
  ㉱ 자기연소 : 내부연소(산소화합물질의 경우), TNT, 피크린산, 니트로글리세린

## 1.2 연 료

### (1) 연료의 구비조건

① 발열량이 클 것
② 매연이 적고 공해요인이 없을 것
③ 점화가 쉽고 완전연소가 될 것
④ 저장, 운반, 취급이 쉽고 경제적일 것

### (2) 연료의 종류

┌ 주성분 : C, H
└ 불순물 : S, W (수분), A (회분), N, O 등

┌ 고체연료 1차 : 원유
│         2차 : 연탄, 코크스, 조개탄, 숯, 갈탄 등
├ 액체원료 1차 : 원유
│         2차 : 휘발유, 등유, 경유, 중유 등
└ 기체연료 1차 : 유전가스, 탄전가스
          2차 : 석유 열분해가스, 석탄가스, 수성가스

① 고체연료 : 주성분인 탄소 외에 회분과 수분을 함유한다 (약 5000 kcal/kg).

연료비 = $\dfrac{\text{고정탄소}(\%)}{\text{휘발유}(\%)}$ (탄화도가 커짐에 따라 증가)

기공률 = $\left(1 - \dfrac{\text{겉보기비중}}{\text{참비중}}\right) \times 100$ (코크스가 크다.)

  ㉮ 수분이 존재할 때

㉠ 점화가 어렵고 흰 연기가 발생한다.

㉡ 수분의 기화로 연소를 나쁘게 한다.

㉢ 불완전연소로 열효율이 저하된다.

㉣ 통기 및 통풍불량의 원인이 된다.

㉯ 휘발분이 존재할 때

㉠ 연소할 때 그을음이 발생한다.

㉡ 점화는 쉬우나 발열량이 저하된다.

㉰ 탄소가 존재할 때

㉠ 발열량이 증가하고 매연이 감소한다.

㉡ 청색단염이 발생한다.

㉢ 열효율은 증가하나 연소속도(점화)가 늦어진다.

㉱ 회분이 존재할 때

㉠ 발열량이 저하되어 연료가치가 떨어진다.

㉡ 클링커 발생으로 통풍이 저하된다.

㉢ 연소를 나쁘게 하며 열효율이 저하된다.

㉲ 공업원소를 분석할 때 : C, H, O, N, S의 중량비로 표시한다.

㉳ 착화온도는 ┌ 발열량이 클수록
　　　　　　├ 분자구조가 복잡할수록 ┐ 낮아진다.
　　　　　　├ 산소량이 증가할수록 　┘
　　　　　　└ 압력이 높을수록

② 액체연료 : C, H가 주성분이며 비중은 0.78~0.97 정도이다 (약 11000 kcal/kg).

㉮ 비중이 크면 발열량은 감소한다.

㉯ 액체연료에서는 탄소 수가 많으면 발열량은 감소한다.

$$A.P.I도 = \frac{141.5}{(60°F/60°F)} - 131.5$$

15℃ 비중 $d = dt + 0.00065(t - 15)$

㉰ 점도에 따라 중유는 A, B, C로 구분한다.

㉱ 인화점 : 연소될 수 있는 최저온도 (중유가 높다.)

(가솔린 : $-20 \sim -40℃$, 경유 : $50 \sim 70℃$)

㉲ 유동점은 응고점보다 2.5℃ 정도 높다 (A 중유 : $-10℃$)

$$옥탄가 = \frac{이소옥탄}{이소옥탄 + 노르말헵탄} \times 100$$

(옥탄가가 높을수록 노킹을 일으키지 않는다.)

③ 기체연료 : 연소효율이 높고 점화소화가 용이하다 (주성분 C, H).
  ㉮ 천연가스 : 유전가스, 탄전, 수용성으로 천연적으로 발생하는 가스로서 가연성인 것 (습성 : 석유계, 건성 : 메탄이 주성분)
  ㉯ LNG : 액화천연가스, 메탄이 주성분
  ㉰ LPG : 석유정제의 부산물로서 프로판, 부탄이 주성분
  ㉱ 오일가스 : 나프타를 주원료로 열분해, 접촉분해, 부분연소 등으로 만들어진다 ($N_2$, $C_2H_4$, CO, $C_mH_m$ 등).
  ㉲ 석탄계 가스 : 석탄을 건류할 때 발생되는 가스 ($CH_4$, $H_2$, CO 등)
  ㉳ 수성가스 : 무연탄이나 코크스를 수증기와 작용시켜 생성한다 ($H_2$, CO).
  ㉴ 고로가스 : 제철의 용광로에서 부산물로 발생되는 가스 ($CO_2$, CO, $N_2$ 등)
  ㉵ 오프가스 : 석유정제 폐가스 (접촉분해, 개질, 상압정류 때 발생)와 석유화학 폐가스 ($C_2H_4$, $C_3H_6$를 제조할 때)를 말한다.
  ㉶ 도시가스 : $CH_4$이 주성분이며, $H_2$ 탄화수소물 등을 혼합시킨다.

# 2. 폭발과 폭굉

## 2.1 폭발과 폭굉

### (1) 폭 발

격렬한 연소의 한 형태로서 급격한 압력의 발생, 해방의 결과로서 격렬한 음향과 폭풍을 수반하는 팽창현상을 말한다.

### (2) 가스폭발의 종류

① 화학적 폭발 : 폭발성 혼합가스에 점화할 때, 화약이 폭발할 때

**화학폭발의 예** : $H_2 + \dfrac{1}{2} O_2 \rightarrow H_2O + 68$ kcal : 수소 폭명기 (2 : 1)

② 압력폭발 : 고압가스 용기, 보일러의 폭발
③ 분해폭발 : 가압하에서 아세틸렌, 산화에틸렌, 히드라진 등

① **C2H2의 희석제** : 분해폭발 방지 목적
$C_2H_4$, $CO$, $CH_4$, $N_2$, $H_2$, $C_3H_8$
② **C2H4O의 분해폭발** : 액상에서는 안전하나 기상 (3~80 %)에서 분해폭발이 일어나므로 액상으로 유지하기 위하여 용기 상부에 45℃ 이상, 4 kg/cm² 이상으로 가압한다 (가압매체 : $N_2$, $CO_2$).

④ 중합폭발 : HCN, $C_2H_4O$ 등 (중합열은 발열반응이다.)

① **C2H4의 중합방지제** : $N_2$, $CO_2$, 수증기
② **HCN의 중합방지제** : $SO_2$, $H_2SO_4$, 구리, 구리망, $P_2O_5$, $CaCl_2$, P (인) 등

⑤ 촉매폭발 : 수소, 염소 등에 직사일광을 쬘 때 염소 폭명기

**산소 없이 분해폭발을 일으키는 물질** : $C_2H_2$, $C_2H_4O$, $N_2H_4$

## (3) 폭굉

데토네이션이라고 하며, 가스 중의 음속보다는 화염 전파속도가 큰 경우이다.

① 마하 수 : 3~5배

② 파면압력 : 초압의 10~50배

③ 폭파속도 : 폭굉이 전하는 속도 1000~3500 m/s ( 정상 연소속도는 0.03~10 m/s)

④ DID (폭굉유도거리) : 완만한 연소가 폭굉으로 발전하는 거리로서 짧을수록 위험하다.

　※ DID가 짧아지는 요인
- 정상 연소속도가 큰 혼합가스일수록
- 관 속에 장애물이 있거나 관지름이 작을수록
- 고압일수록
- 점화원의 에너지가 강할수록

 **연소와 폭굉압력의 전파**

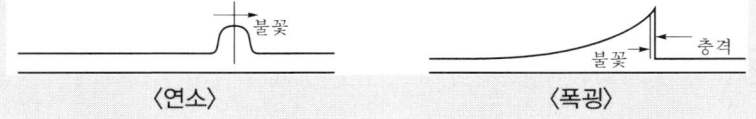

## 2.2 폭발등급과 폭발범위

### (1) 폭발에 영향을 주는 인자

온도, 압력, 용기의 모양과 크기, 조성 (폭발범위 %)

### (2) 폭발등급과 안전간격

① 소염 : 온도, 압력, 조성의 세 가지 조건이 갖추어져도 용기가 작으면 발화하지 않고, 부분적으로 발화하여도 화염이 전파되지 않고 도중에 꺼져 버리는 현상

② 안전간격 : 화염이 틈새를 통하여 바깥쪽 (B)의 폭발성 혼합가스까지 전달되는가를 측정할 때 화염이 전달되지 않는 한계의 틈새이다.

 ※ **안전간격의 측정**

틈새는 8개의 블록 게이지를 끼워서 조정해 게이지 폭 10 mm, 길이 30 mm 틈새의 깊이로 내부 A와 화염이 틈새를 통하여 외부로 전달되는가의 여부를 압력계 또는 들창으로 본다.

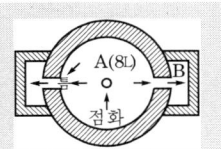

③ 폭발등급 : 안전간격에 따라서 구분한다.
  ㉮ 1급 : 안전간격이 0.6 mm 이상인 가스 ($CO$, $CH_4$, $C_3H_8$, $NH_3$, n-부탄, 벤젠, 가솔린)
  ㉯ 2급 : 안전간격이 0.6 mm 미만, 0.4 mm 이상인 가스 (에틸렌, 석탄가스)
  ㉰ 3급 : 안전간격이 0.4 mm 미만인 가스 (수소, 수성가스, 아세틸렌, 이황화탄소)
  ※ 급수가 클수록 (3급 > 2급 > 1급) 위험하다.

$H_2$, $C_2H_2$은 3등급에 속하나 안전간격은 0.1 mm이다.

## (3) 폭발범위와 위험도

① 폭발범위 : 가연성 가스와 공기의 혼합가스에 대한 연소가 가능한 가연성 가스의 용량 백분율 (Vol %)

① 폭발범위 = 연소범위 = 가연범위 = 폭발한계 = 연소한계 = 가연한계
② 가연성 가스의 폭발범위 : 압력이 높을수록 넓어진다 (단, CO + 공기는 좁아진다).

② 폭발범위의 측정 : 전기불꽃을 사용한다. $\phi$50 mm, 길이 1.5 m의 수평유리관에 가연성 가스와 공기의 혼합가스를 1 atm으로 넣고 전기불꽃으로 실험한다.
③ 위험도 : 클수록 위험하며, 하한계가 낮고 상한과 하한의 차이가 클수록 커진다.

$$H = \frac{U-L}{L}$$  여기서, $H$ : 위험도, $U$ : 폭발한계 상한, $L$ : 폭발한계 하한

**예** $C_2H_2$의 위험도는?

해설  폭발범위가 2.5~81 %이므로, $H = \dfrac{81-2.5}{2.5} = 31.4$

**주요가스의 위험도**
$C_2H_2$ : 31.4, $C_3H_8$ : 3.3, $NH_3$ : 0.9, $H_2$ : 17.7, $CH_4$ : 2

## 2.3 연소성에 따른 가스의 분류

### (1) 가연성 가스

공기 중에서 연소할 수 있는 가스로서 고압가스 법규상 폭발한계치로 규정한다.

① 규정 : 폭발한계의 하한이 10 % 이하이거나, 또는 상한과 하한의 차이가 20 % 이상인 가스이다.

> 아세틸렌 ($C_2H_2$), 산화에틸렌 ($C_2H_4O$), 수소 ($H_2$), 일산화탄소 (CO), 프로판 ($C_3H_8$) 등

② 주요 가연성 가스의 폭발한계는 다음과 같다.

㉮ 아세틸렌 ($C_2H_2$) : 2.5~81 %
㉯ 산화에틸렌 ($C_2H_4O$) : 3~80 %
㉰ 수소 ($H_2$) : 4~75 %
㉱ 일산화탄소 (CO) : 12.5~74 %
㉲ 아세트알데히드 ($CH_3CHO$) : 4.1~55 %
㉳ 에테르 [$(C_2H_5)_2O$] : 1.9~48 %
㉴ 이황화탄소 ($CS_2$) : 1.25~44 %
㉵ 황화수소 ($H_2S$) : 4.3~45 %
㉶ 시안화수소 (HCN) : 6~41 %
㉷ 에틸렌 ($C_2H_4$) : 3.1~32 %

③ 기타 [탄화수소계] 가스

㉮ 프로판 : 2.1~9.5 %    ㉯ 에탄 : 3~12.5 %
㉰ 메탄 : 5~15 %    ㉱ 부탄 : 1.8~8.4 %

① **암모니아 ($NH_3$)** 15~28 %, **브롬화메탄 ($CH_3BR$)** 13.5~14.5 %. 이 두 가지는 '하한 10 % 이하, 또는 상한과 하한의 차이 20 % 이상'의 규정에는 해당되지 않지만 가연성 가스로 취급된다.
② **수소 ($H_2$)** 는 공기 중에서는 4~75 %이나 '염소' 중의 폭발한계는 5.5~89 %로서 직사 일광에 의하여 다음과 같은 '염소 폭명기'를 만든다.

$$H_2 + Cl_2 \rightarrow 2\,HCl + 44\,kcal$$

## (2) 지연성 가스 (조연성 가스)

가연성 가스의 연소를 도와 주는 가스로서 산소, 공기, 염소, $N_2O$ (아산화질소), 초산가스 등이 있다.

## (3) 불연성 가스

불이 타지 않는 가스로서 질소, 이산화탄소와 불활성 가스 (He, Ar, Ne, Xe, Kr, Rn 등) 가 있다.

### 2.4 고압가스의 사고 분류

① 고압용기가 파열, 분출, 분진한다.
② 지연성, 가연성 가스가 공기 또는 다른 가스와 혼합되어 폭발할 때 고장난 용기의 밸브에서 분출하는 가스에 인화된다.
③ 독성, 질식성 가스가 누설하면 중독, 질식한다.
④ 저온가스에 의해 동상을 고온가스에 의해 화상을 입는다.
⑤ 용기의 무게에 의하여 취급 부주의로 부상을 입는다.
⑥ 용기 내 가스의 물리적, 화학적인 변화에 의하여 폭발사고를 일으킨다.

요점정리
고압가스설비 (용기, 저장탱크, 배관 등)는 항상 40℃ 이하로 유지해야 하며, 직사광선, 빗물을 피하는 것이 바람직하다.

### 2.5 고압가스 용기의 파열사고

사용도수가 많은 용기, 노후화된 용기, 부식된 용기, 관리 부주의 등으로 파열하여 폭발, 화염과 파편에 의한 재해를 일으킨다.
① 용기의 내압 (耐壓) 부족
② 용기검사의 태만, 부실, 기피
③ 용기의 압력 상승
④ 용기 재질의 불량
⑤ 용접용기의 용접상의 결함, 이면용접의 불이행
⑥ 용기밸브의 불법 혼용

## 제 2 장 ● 폭발과 폭굉

**요점정리** 용기 재질의 CPS 비율

| 재질 \ 형태 | 용접용기 | 무계목용기 |
|---|---|---|
| C (탄소) | 0.33 % 이하 | 0.55 % 이하 |
| P (인) | 0.04 % 이하 | 0.04 % 이하 |
| S (황) | 0.05 % 이하 | 0.05 % 이하 |

⑦ 충격, 낙하, 타격, 전도, 전락 등
⑧ 사제용기의 불법 사용
⑨ 가스의 과충전
⑩ 가열, 일광, 주위의 화재에 의한 온도의 상승
⑪ 균열, 내부에 이물질이나 오일 오염 등

## 2.6 가스 분출과 분진사고

① 밸브, 안전밸브, 충전구 등에 타격을 줄 때 분출하여 분출할 때의 압력, 인화된 화염 등으로 중화상을 입는다.
② 용기의 전도, 전락시 밸브의 절손 등을 방지하기 위해서는 캡을 씌우고 용기를 수송 중에는 로프로 결속한다.

**요점정리**
① 5 L 이상의 용기는 전도, 전락에 의한 밸브의 손상을 방지하기 위한 조치 (캡, 프로텍터)를 강구해야 한다.
② 용기에 가스를 충전할 때
 • 압축가스 : 최고충전압력 이하
 • 액화가스 : 최대충전량 이하로 충전

제 4 편 연소공학

## 2.7 가스 중량에 대한 주의사항

### (1) 공기보다 가벼운 가스

수소, 아세틸렌 등은 통풍이 잘 되면 실외로 날아간다.

### (2) 공기보다 무거운 가스

강제 통풍시설이 필요하다.
① 가연성 가스 : 지면에 체류하므로 화기가 있으면 폭발한다.
② 독성 가스 : 염소, 포스겐 등 인체, 동·식물의 중독사를 유발한다.

### (3) 가스누설경보기의 설치

① 작동 : 가연성 가스는 폭발하한의 1/4 이하, 독성 가스는 허용농도 이하에서 작동해야 한다.
② 설치위치 : 공기보다 가벼운 가스실은 천장 쪽 30 cm 부근에, 공기보다 무거운 가스실은 바닥 쪽 30 cm 부근에 설치한다.

**통풍시설**
① 통풍구의 크기 : 바닥면적 1 $m^2$에 대하여 300 $cm^2$ 이상 (즉, 바닥면적의 3 %), 2개 이상을 설치
② 강제통풍 능력 : 바닥면적 1 $m^2$ 당 0.5 $m^3$/min 이상
③ 배기가스 중의 가스농도가 0.5 % 이상일 때 가스누설 장소를 정밀조사, 보수할 것

## 2.8 고압가스 용기와 밸브의 안전관리

### (1) 용기의 구분

① 용접용기(계목용기) : 주로 압력이 낮은 가스, 액화가스를 충전한다.
　　LPG, $NH_3$, $C_2H_2$, $C_2H_4$ 등

용접용기의 두께공차는 평균값의 20% 이하일 것.

② 이음매 없는 용기(무계목용기) : 주로 압력이 높은 가스, 압축가스, 초저온 액화가스 등을 충전한다.

　　　아산소, 수소, 질소, 아르곤, 액화 $CO_2$, 액화 $Cl_2$ 등

**이음매 없는 용기의 제조법**
① 에르하르트식　② 만네스만식　③ 강판의 조합방식

## (2) 밸브의 안전사항

① 충전구나사 : 오른나사로 하는 것을 원칙으로 한다.

　※ 가연성 가스는 왼나사로 하며, 왼나사임을 표시하기 위하여 그랜드 너트에 V자 홈을 판다.

① 가연성 가스 중 「$NH_3$」와 「$CH_3Br$(브롬화메탄)」은 오른나사로 정한다.
② 그랜드 너트에 적색 페인트를 칠하는 경우 : 그랜드 너트는 스핀들 누설을 방지하는 것이며, 항상 완전하게 조여져 있는 상태에서 회전되지 않아야 한다. 페인트칠로 회전 여부를 알 수 있다.

② 밸브누설의 종류
　㉠ 본체누설 : 밸브 본체의 결함(균열, 부착불량 등)에 의함.
　㉡ 시트누설(충전구누설) : 밸브를 닫았을 때 시트 패킹을 통하여 충전구 쪽으로 누설되는 형태
　㉢ 패킹누설(스핀들누설) : 충전구를 차단하고 밸브를 열면 스핀들과 그랜드 너트 사이로 누설되는 형태

## (3) 용기보관상 주의사항

① 도장 : 방청도장(하도) → 건조 → 색도장(상도) → 건조
② 가스누설 : 정기적으로 검사(비눗물 등 발포액 사용)할 것.
③ 공병은 항상 닫아서 수분의 침입을 방지할 것.
④ 혼합저장 금지 : 가연성, 산소, 독성 가스는 구분하여 설치할 것.
⑤ 습기와 수분, 직사일광 등을 피할 것.
⑥ 충전용기와 잔 가스용기는 구분하여 보관할 것.
⑦ 충격, 화재, 온도의 상승 등에 주의할 것.

### 충전용기와 잔 가스용기
① 충전용기 : 충전압력, 충전질량이 전체량의 $\frac{1}{2}$ 이상 충전된 용기

② 잔 가스용기 : 충전량이 전체량의 $\frac{1}{2}$ 미만 들어 있는 용기

## (4) 가스사고 방지상 주의사항

① 산소밸브, 조정기에 유지류가 묻어 있을 때 : 사염화탄소($CCl_4$)로 세척한다(산소와 유지류의 혼합은 폭발원인이다.)

② 밸브에 얼음이 붙어 있을 때 : 40℃ 이하의 온수나 열습포로 녹여 준다(화기에 의한 가열은 금물).

③ 밸브의 개폐 조작 : 서서히 하며, 핸들이 없는 것은 10인치 이하의 몽키스 패너를 사용하여 조작한다.

④ 가스를 사용한 후 $\frac{1}{3}$ 기압(게이지) 정도(약 5PSIG) 남기고 밸브를 닫는다(개방한 상태로 방치하면 수분의 침입 원인).

⑤ 산소의 불법사용(페인트, 스프레이어, 엔진 청소 등) 금지

### 통가스설비의 사고원인
① 용기의 결함      ② 가스누설      ③ 밸브의 불량
④ 기구의 연결 불량      ⑤ 밸브개폐의 조작 미숙      ⑥ 저장법의 불량
⑦ 밸브수리 부주의로 분출      ⑧ 조정기의 접속 착오      ⑨ 재검사의 태만 등

# 3 연소 계산과 고압가스의 특성

## 3.1 연소 계산

### (1) 발열량

완전연소할 때 발생하는 열량 (액체, 고체 : kcal/kg, 기체 : kcal/m$^3$)

① 고위발열량 : 수증기의 증발잠열을 포함한 열량 (총발열량)

$$8100\,C + 34000(H - O/8) + 2500\,S$$

$$H_h(고) = H_l(저) + 600(9H + W)$$

② 저위발열량 : 수증기의 증발잠열을 뺀 열량 (진발열량)

$$8100\,C + 28600\,H - 4250\,O + 2500\,S - 600\,W$$

$$H_l(저) = H_h(고) - 600(9H + W)$$

### (2) 발열량 계산

① C + O$_2$ → CO$_2$ + 97200 kcal/kmol [완전연소일 때]

   1 kmol  1 kmol  1 kmol

   12 kg   32 kg   44 kg

   1 kg   $\frac{32}{12}$ kg   $\frac{44}{12}$ kg   $\frac{97200}{12}$ kg

② C + $\frac{1}{2}$O$_2$ → CO + 29400 kcal [불완전연소일 때]

   CO + $\frac{1}{2}$O$_2$ → CO$_2$ + 67800 kcal/kmol

③ H$_2$ + $\frac{1}{2}$O$_2$ → H$_2$O + 68000 kcal/kmol

   2 kg   16 kg   18 kg

   22.4 m$^2$  11.2 m$^2$  22.4 m$^2$

   H$_2$ + $\frac{1}{2}$O$_2$ → H$_2$O + 3050 kcal/Nm$^3$

   3050 - 480 = 2570 kcal/Nm$^3$

④ S + $O_2$ → $SO_2$ + 80000 kcal/kmol
   32kg  32kg   64kg

※ 기체연료의 연소

$CH_4 + 2O_2 \rightarrow CO_2 + 2H_2O + 9530 \text{ kcal/Nm}^3$

$2C_2H_2 + 5O_2 \rightarrow 4CO_2 + 2H_2O + 14080 \text{ kcal/Nm}^3$

$C_3H_8 + 5O_2 \rightarrow 3CO_2 + 4H_2O + 24370 \text{ kcal/Nm}^3$

$2C_4H_{10} + 13O_2 \rightarrow 8CO_2 + 10H_2O + 32010 \text{ kcal/Nm}^3$

## (3) 공기량

① 산소량

$$W : \frac{32}{12} + \frac{16}{2}\left(H - \frac{O}{8}\right) + \frac{32}{32}S = 2.67\,C + 8\left(H - \frac{O}{8}\right) + S \text{ kg/kg}$$

$$V : \frac{22.4}{12} + \frac{11.2}{2}\left(H - \frac{O}{8}\right) + \frac{22.4}{32}S = 1.87\,C + 5.6\left(H - \frac{O}{8}\right) + 0.7S \text{ m}^3/\text{kg}$$

$$V : \frac{\text{산소몰수}}{\text{가연성 몰수}} = \text{Nm}^3/\text{Nm}^3$$

② 공기량
- 체적으로 구할 때 $8.89\,C + 26.67\,H + 3.33\,S \text{ Nm}^3/\text{kg}$
- 중량으로 구할 때 : $11.49\,C + 34.5\,H + 4.35\,S \text{ kg/kg}$

③ 기체연료의 이론공기량

$$O_2 = \frac{1}{2}H_2 + \frac{1}{2}CO + 2CH_4 + 3C_2H_4 + 5C_3H_8 + 12/2\,C_4H_{10} - O_2$$

이론공기량 = $\dfrac{O_2}{0.21}$ $\text{Nm}^3/\text{Nm}^3$

④ 실제공기량

$A/A_o = m$(공기비)   여기서, $A_o$ : 이론공기량, $A$ : 실제공기량

공기비 = $1 + \dfrac{\text{과잉공기량}}{\text{이론공기량}}$

실제공기량 = 이론공기량 × 공기비

과잉공기 = 실제공기 − 이론공기

※ 기체가 연소할 때 생성되는 수증기량

$H_2 + 2CH_4 + 4C_3H_8 + 5C_4H_{10} = Nm^3/Nm^3$

액체, 고체가 연소할 때 생성되는 수증기량

$11.2H + 1.25W = Nm^3/kg$

※ $CO_2max$ (이산화탄소 최대량 : 이론공기량으로 완전연소시켰을 때 최대값이 된다.)

$$CO_2max = \frac{21 \times CO_2}{21 - O_2}$$

$$공기비(m) = \frac{실제공기량(A)}{이론공기량(A_0)} = \frac{CO_2max}{CO_2} = \frac{21}{21 - O_2} = \frac{N_2}{N_2 - 3.76 O_2}$$

## (4) 발열량 계산

$$C + O_2 \rightarrow CO_2 + 97200 \text{ kcal/kmol} \left( \frac{97200}{12} = 8100 \text{ kcal/kg} \right)$$

$$H_2 + \frac{1}{2} \rightarrow H_2O(액) + 68000 \text{ kcal/kmol} \left( \frac{68000}{2} = 34000 \text{ kcal/kg} \right)$$

$$(기) + 57200 \text{ kcal/kmol} \left( \frac{57200}{2} = 28600 \text{ kcal/kg} \right)$$

$$S + O_2 \rightarrow SO_2 + 80000 \text{ kcal/kmol} \left( \frac{80000}{32} = 2500 \text{ kcal/kg} \right)$$

① $C_3H_8 + 5O_2 \rightarrow 3CO_2 + 4H_2O + 530 \text{ kcal/mol}$

㉮ $C_3H_8$ 1 $Nm^3$의 발열량

$$\left( \frac{530}{22.4} \right) \times 1000 = 23660 = 24000 \text{ kcal/Nm}^3$$

㉯ $C_3H_8$ 1 kg의 발열량

$$\left( \frac{530}{44} \right) \times 1000 = 12045 = 12000 \text{ kcal/kg}$$

② 탄화수소 연소식

$$C_mH_n + \left( m + \frac{n}{4} \right) O_2 \rightarrow mCO_2 + \frac{n}{2} H_2O$$

※ 기체연료의 연소

㉮ $H_2 + \frac{1}{2} O_2 = H_2O(기체) + 3050 \text{ kcal/Nm}^3$      수소

㉯ $CO + \frac{1}{2} O_2 + CO_2 + 3035 \text{ kcal/Nm}^3$      일산화탄소

㉓ $CH_4 + 2O_2 = CO_2 + 2H_2O(기체) + 9530 \text{ kcal/Nm}^3$   메탄

㉔ $2C_2H_2 + 5O_2 = 4CO_2 + 2H_2O(기체) + 14080 \text{ kcal/Nm}^3$   아세틸렌

㉕ $C_2H_4 + 3O_2 = 2CO_2 + 2H_2O(기체) + 15280 \text{ kcal/Nm}^3$   에틸렌

㉖ $2C_2H_6 + 7O_2 = 4CO_2 + 6H_2O(기체) + 16810 \text{ kcal/Nm}^3$   에탄

㉗ $C_3H_8 + 5O_2 = 3CO_2 + 4H_2O(기체) + 24370 \text{ kcal/Nm}^3$   프로필렌

㉘ $2C_3H_6 + 9O_2 = 6CO_2 + 6H_2O(기체) + 22540 \text{ kcal/Nm}^3$   프로판

㉙ $C_4H_8 + 6O_2 = 4CO_2 + 4H_2O(기체) + 29170 \text{ kcal/Nm}^3$   부틸렌

㉚ $2C_4H_{10} + 13O_2 = 8CO_2 + 10H_2O(기체) + 32010 \text{kcal/Nm}^3$   부탄

㉛ $2C_6H_6 + 15O_2 = 12CO_2 + 6H_2O(기체) + 34960 \text{kcal/Nm}^3$   벤졸증기

## 3.2 중요한 고압가스의 기본특성

### (1) 산소 ($O_2$)

① 생물체의 호흡에 필수이며 연료의 연소에 필요하다.

② 가연성 물질과 반응하여 폭발할 수 있다.

   **예** $H_2 + \frac{1}{2}O_2 \rightarrow H_2O + 68.3 \text{kcal}$ (550℃에서 수소 폭명기)

   즉, 수소는 가연성 물질이며 산소에 의해 강력히 연소(폭발)하며, 수소 1 mol당 68.3 kcal의 열을 발생한다.

③ 순산소 중에서는 철, 알루미늄 등도 연소되며, 금속산화물을 만든다.

④ 자신은 스스로 연소하지 않는 조연성이다.

⑤ 오일과 혼합하면 산화력이 증가하여 강력히 연소한다.

> **요점정리** 산소기구는 금유라고 표기된 것을 사용하고 오일과 접촉시키지 않는다 ($CCl_4$로 세척).
> 산소압축기 윤활유로는 물이나 10 % 이하의 묽은 글리세린 수용액을 사용한다.

### (2) 수소 ($H_2$)

① 가벼워서 확산하기 쉬우며 작은 틈새로 잘 방산한다.

② 고온, 고압에서 강재, 기타 금속을 투과한다.
   예) $2H_2 + Fe_3C \rightarrow CH_4 + 3Fe$ (탈탄작용, 수소취성)
③ 산소 또는 공기와 혼합하여 격렬하게 폭발한다.
④ 환원성이 강하므로 금속산화물의 환원에 의한 제련에 쓰인다.
   예) $CuO + H_2 \rightarrow Cu + H_2O$ (수소는 산화구리 CuO에서 산소를 얻어서 자신은 산화되며, 산화구리는 산소를 잃고 환원된다.)
⑤ 할로겐원소와 격렬히 반응하여 할로겐화수소를 만든다.
   예) HCl (염화수소), HF (플루오르화수소)

- 산화 : $H_2$를 잃거나 산소를 얻음.
- 환원 : $H_2$를 얻거나 산소를 잃음.
※ 할로겐원소 : F, Cl, Br, I 등

### (3) 아세틸렌 ($C_2H_2$)

① 가연성 가스 중 폭발한계가 가장 넓은 (2.5~81 %) 가스로서 순수한 것은 무취이나 불순물 때문에 악취가 나는 것이 보통이다.
② 산소와 혼합하여 3300℃까지의 고온을 얻을 수 있으므로 용접에 사용된다.
③ 열이나 충격에 의해 분해폭발이 일어나므로 주의해야 한다.
   예) $C_2H_2 \rightarrow 2C + H_2$ (분해폭발 : 110℃, 1.5 atm)
④ 용기에 충전할 때는 단독으로 가압충전할 수 없으며 용해충전한다.
   예) 아세틸렌은 아세톤에 부피로 약 25배 용해되며, 따라서 용기에 다공성 물질 (석면, 목탄) 등을 충전하고 아세톤을 침윤시킨 다음 여기에 아세틸렌을 용해시켜 충전한다.

$C_2H_2$은 희석제를 첨가했더라도 2.5 MPa 이상 압축할 수 없으며, 충전할 때에는 15℃에서 1.5MPa 이하로 하고 충전 후 24시간 정치시켜야 한다.

### (4) 염소 ($Cl_2$)

① 강한 자극성의 맹독성 가스이며 공기보다 무거운 황록색 가스이다.
② 조연성이 있으며 활성이 크다 (금속과 반응하여 금속염화물을 생성).

③ 수소와 반응하여 직사광선을 촉매로 격렬히 폭발한다.
  ● 예  염소 폭명기 : $H_2 + Cl_2 \rightarrow 2HCl + 44\,kcal$
④ 건조한 상태에서는 금속부식성은 없으나 수분을 혼합할 때 산을 생성하여 금속을 부식시킨다.

$Cl_2 + H_2O \rightarrow HCl(염산) + HClO(차아염소산)$

### (5) 암모니아 ($NH_3$)

① 상온, 상압에서 자극성 냄새를 가진 무색의 기체이다.
② 물에 잘 용해한다(약 800배 용해하여 암모니아수를 생성).
③ 임계온도가 높아서 액화가 용이하므로 용기에 액체상태로 충전한다 (임계온도 : 133℃, 임계압력 : 111.3 atm이며, 임계온도가 낮은 가스일수록 액화시키기 어렵다.)
④ 액화암모니아가 기화할 때 다량의 열을 흡수하므로 냉동장치의 냉매로 사용된다.
⑤ 연소할 때 황백색의 불꽃을 내면서 탄다.
  ※ 이상 5가지 가스는 고압가스 관계법규에 의하여 '특정고압가스'로 정해진다.

냉매 : 냉동장치 내에서 순환하면서 열을 운반하는 매개체이다.

### (6) 질소 ($N_2$)

① 공기 중에서 체적으로 약 78 %를 차지한다.
② 고온에서 금속과 화합하여 금속질화물을 만든다.
③ 극히 고온에서는 산소와 혼합하여 산화질소 (NO)를 생성한다.
④ 비점이 −196℃로 낮으며, 극저온의 급속냉동장치에 쓰인다.
⑤ 수소와 더불어 암모니아의 합성원료이다 ($N_2 + 3H_2 \rightarrow 2NH_3$).

### (7) 일산화탄소 (CO)

① 환원성이 강하며 금속산화물을 환원한다.
② 철, 니켈 등의 철족과 반응하여 금속카르보닐을 생성한다.

$Fe + 5CO \rightarrow Fe(CO)_5$ : 철카르보닐

$Ni + 4CO \rightarrow Ni(CO)_4$ : 니켈카르보닐

③ 공기 중에서 연소가 잘 된다.
④ 포스겐의 원료이다 (촉매 : 활성탄, $CO + Cl_2 \rightarrow COCl_2$).

> 요점정리
> 카르보닐화 방지책 : Ag, Cu, Al 라이닝

### (8) 시안화수소 (HCN)

① 소량의 수분혼합에도 중합폭발을 일으킨다.
② 극히 유독 (10 ppm)하며 용기에 충전 후 60일 이내에 다른 용기에 옮겨서 충전해야 한다 (순도는 98 % 이상을 요구한다).

> 요점정리
> HCN 중합억제제 : 황산, 아황산가스, 구리, 동망, 염화칼슘, 오산화인, 인산 등

### (9) 기타 가스

① 아황산가스 ($SO_2$) : 허용농도 5 ppm의 독성 가스이다.
② 포스겐 (염화카르보닐 : $COCl_2$) : 극히 유독하다 (허용농도 0.1 ppm).
③ 황화수소 ($H_2S$) : 독성, 가연성이며 연소할 때 아황산가스를 발생한다.
④ 염화수소 (HCl) : 독성 (5 ppm)이며 물에 섞여 염산이 된다.
⑤ 산화에틸렌 ($C_2H_4O$) : 독성 (50 ppm), 가연성 (폭발범위 3~80 %)이며, 산이나 알칼리에 혼합할 때 중합폭발성이 있고, 기체상태에서는 분해폭발성이 있다.

> 요점정리
> $C_2H_4O$은 액상으로는 안정하나 기체상태에는 분해폭발을 하므로 용기 내에 45℃에서 0.4MPa 이상의 $N_2$, $CO_2$를 봉입하여 액상으로 유지시킨다.

# 4 연소공학 핵심정리

## 4.1 고위발열량과 저위발열량

### (1) 액체, 고체

① 고위발열량

$$8100\,C + 34000\left(H - \dfrac{O}{8}\right) + 2500\,S \ (\text{kcal/kg})$$

㉮ 고위발열량($H_h$ : 총발열량) : 연료가 연소될 때 연소가스 중에 수증기의 응축잠열을 포함한 열량

㉯ $H_h = H_l + H_S = H_l + 600(9H + W)$

② 저위발열량

$$8100\,C + 28600\left(H - \dfrac{O}{8}\right) + 2500\,S \ (\text{kcal/kg})$$

㉮ 저위발열량($H_l$ : 진발열량) : 연료가 연소될 때 연소가스 중에서 수증기의 응축잠열을 뺀 열량

㉯ $H_l = H_h - H_S = H_h - 600(9H + W)$

### (2) 기 체

$$H_h = H_l + 480(H_2 + 2\,CH_4 + 4\,C_3H_8 + 5\,C_5H_{10} \cdots)\ \text{kcal/Nm}^3$$

## 4.2 산소량

### (1) 액체, 고체

① $V$(부피) : $1.87\,C + 5.6\left(H - \dfrac{O}{8}\right) + 0.7\,S\ (\text{m}^3/\text{kg})$

② $W$(질량) : $2.67\,C + 8\left(H - \dfrac{O}{8}\right) + S\ (\text{kg/kg})$

## 제 4 장 ● 연소공학 핵심정리

**(2) 기 체**

$$\frac{1}{2}H_2 + \frac{1}{2}CO + 2CH_4 + 2\frac{1}{2}C_2H_2 + 5C_3H_8 + 6\frac{1}{2}C_4H_{10} - O_2 \; (Nm^3/Nm^3)$$

### 4.3 공기량

**(1) 액체, 고체**

① $V$(부피) : $8.89\,C + 26.67\,H + 3.33S \; (m^3/kg)$

② $W$(질량) : $11.49\,C + 34.5\,H + 4.35 \; (kg/kg)$

**(2) 기 체**

$$\frac{O_2}{0.21} \; (Nm^3/Nm^3)$$

### 4.4 연소 생성 수증기량

**(1) 액체, 고체**

$11.2H + 1.25\,W \; (m^3/kg)$

$1.25 \times (9H + W) \; (m^3/kg)$

**(2) 기 체**

$H_2 + 2CH_4 + 4C_3H_8 + 5C_4H_{10} \; (Nm^3/Nm^3)$

### 4.5 공기비 ($m$)

$$m = \frac{실제공기량}{이론공기량} = \frac{A}{A_o} = 1 + \frac{과잉공기}{A_o}$$

$$= \frac{CO_{2\max}}{CO_2} = \frac{21}{21 - O_2} = \frac{N_2}{N_2 - 3.76\,O_2}$$

$A = mA_o$, 과잉공기율 % $= (m-1) \times 100$

## 4.6 연소가스량

### (1) 이론연소가스량

$$G_o = (1 - 0.21)A_o + 생성가스량$$

여기서, $G_{od}$ : 이론건연소가스량
$G_w$ : 이론습연소가스량 → 생성수증기차

### (2) 실연소가스량

$$G + (m - 0.21)A_o + 생성가스량$$

여기서, $G_d$ : 실연소가스량
$G_w$ : 실제습연소가스량 → 생성수증기차

※ $G - G_o =$ 과잉공기

## 4.7 탄산가스최대량

$$CO_{2\max} = \frac{21\,CO_2}{21 - O_2} \quad (완전연소시)$$

$$= \frac{21(CO_2 + CO)}{21 - O_2 + 0.395\,CO} \quad (불완전연소시)$$

※ 이론공기량으로 연소시 최대가 된다.

## 4.8 착화온도

- 발열량이 클수록 감소한다.
- 분자구조가 복잡할수록 감소한다.
- 산소량 증가시 감소한다.
- 압력이 높을 때 감소한다.

### (1) 탄소량 증가시

① 액체, 기체 연료의 발열량 감소, 매연 증가
② 고체연료는 발열량 증가, 매연 감소

### (2) 발화점에 영향을 미치는 인자

온도, 압력, 조성, 용기의 크기 및 형태 (탄화수소에서 탄소수 증가시 감소한다.)

### (3) 연소 반응속도

① 활성화 에너지가 작을수록 빨라진다.
② 분자의 충돌횟수가 많을수록, 반응온도가 높을수록 (10℃ 상승에 따라서 2배씩 증가) 빨라진다.

## 4.9 연료의 시험방법

### (1) 고 체

① 시료 채취 : 계통 시료 채취, 층별 시료 채취, 이단 시료 채취
② 수분 측정 : (석탄 107±2℃, 코크스 150±5℃) 감량된 무게로 측정
③ 석탄 : 고정탄소 % = 100 - (수분 % + 회분 % + 휘발유 %) → 항습베이스
④ 코크스 : 고정탄소 %
⑤ 원소 분석 : 탄소, 황, 질소, 인, 수소, 산소

### (2) 액 체

① 황분 측정법 : 램프식 (용량법, 중량법), 봄브식, 연소관식 (공기법, 산소법)
② 인화점 : 팬스키마아텐스식, 아벨펜스키식, 클리브랜식, 타크식. 산화에 의한 온도 상승을 측정
③ 착화점 : 산화에 의한 탄산가스 생성을 측정. 산화에 의한 중량 변화를 측정

### (3) 기 체

① 비중 측정 : 유출법, 문젠시링법, 라이트법
   [유출법] 그레이엄의 법칙 : 유출속도는 밀도의 제곱근에 반비례한다. 즉, 유출시간은 가스밀도의 제곱근에 비례한다.
② 시료 채취
   ㉮ 1차 여과기 : 내열성이 좋고 제진효과가 좋은 아람단이나 카보런덤
   ㉯ 2차 여과기 : 계기직전에 석면, 면, 유리솜

## 4.10 연료의 특징

### (1) 고체연료의 특징

① 장 점
   ㉮ 연소시 분무 등으로 인한 소음이 없다.
   ㉯ 역화 또는 폭발 등 사고가 없다.
   ㉰ 수송이 편리하다.
   ㉱ 화염에 의한 국부가열을 일으키지 않는다.

② 단 점
   ㉮ 사용 전 전처리가 필요하다.
   ㉯ 발열량이 낮다.
   ㉰ 연소시 다량의 공기가 필요하다.
   ㉱ 연소 후 잔재물이 남는다.
   ㉲ 연소 조절이 곤란하고 큰 열손실을 필요로 한다.
   ㉳ 연소시 매연 발생이 많다.

### (2) 액체연료의 특징

① 장 점
   ㉮ 연소효율 및 열효율이 높다.
   ㉯ 저장 및 운반이 용이하다.
   ㉰ 저장 중의 변질이 적다.
   ㉱ 회분이 거의 없다.
   ㉲ 점화, 소화 및 연소의 조절과 계량, 기록이 비교적 용이하다.
   ㉳ 균일한 품질의 것을 구할 수 있다.

② 단 점
   ㉮ 화재, 역화 등의 위험이 크며 연소 온도가 높기 때문에 국부가열을 일으키기 쉽다.
   ㉯ 사용 버너의 종류에 따라서는 연소시에 소음을 발생한다.
   ㉰ 중질유는 많은 황분을 함유하고 있어 연소시 $SO_2$를 발생시킨다.

### (3) 기체연료의 특징

① 장 점
- ㉮ 연소 조절이 용이하다.
- ㉯ 적은 과잉 공기로 완전연소가 된다.
- ㉰ 연소효율이 높다.
- ㉱ 회분 및 매연 등의 오염물 생성량이 거의 없다.
- ㉲ 황 성분이 거의 없다.
- ㉳ 발열량이 매우 높다.

② 단점
- ㉮ 저장이 곤란하다.
- ㉯ 설비 및 연료가 많이 든다.
- ㉰ 다른 연료에 비해 방사열이 적다.

## 4.11 연소의 형태

### (1) 표면연소

고체연료인 목탄, 코크스, 석탄 등이 고온이 되면 고체 표면이 빨갛게 빛을 내면서 반응하는 연소를 말한다.

### (2) 분해연소

장작, 석탄, 중유 등이 열분해하여 발생한 증기와 함께 연소 초기에 불꽃을 내면서 반사하는 연소를 말한다.

### (3) 증발연소

액체연료인 휘발유, 등유, 알코올, 벤젠 등이 기화하여 증기가 되어 연소하는 반응이다.

### (4) 확산연소

기체연료인 프로판 가스, LPG 등이 공기의 확산에 의하여 반응하는 연소로 증발연소와 분해연소가 여기에 속한다.

### (5) 자기연소 (내부연소)

니트로글리세린 등은 공기 중 산소를 필요로 하지 않고, 분자 자신 속의 산소에 의하여 연소하는 반응이다.

### (6) 혼합가스연소

기체연료와 공기를 알맞은 비율로 혼합 (AFR)하여 혼합기에 넣어 연소하는 반응이다. AFR (Air Fuel Ratio, 공기연료비)은 공기와 연료의 혼합비율을 말한다.

## 4.12 연료의 특성

- 수분이 많은 연료 : 점화가 어렵고 열효율이 떨어진다.
- 회분이 많은 연료 : 발열량이 낮고 클링커 발생으로 통풍력 저하
- 휘발분이 많은 연료 : 점화는 쉬우나 발열량 저하
- 고정탄소가 많은 연료 : 발열량이 높고 매연 감소, 연소속도가 늦어진다.

### (1) 공기비가 클 때 연소에 미치는 영향

① 연소실 내의 연소온도가 저하한다.
② 통풍력이 강하여 배기가스에 의한 열손실이 많아진다.
③ 연소가스 중에 $SO_3$의 함유량이 많아져서 저온부식이 촉진된다.
④ 연소가스 중에 $NO_2$의 발생량이 심하여 대기오염이 유발된다.

### (2) 공기비가 작을 때 연소에 미치는 영향

① 불완전연소가 되어 매연 발생이 심하다.
② 미연소에 의한 열손실이 증가한다.
③ 미연소 가스로 인한 폭발사고가 일어나기 쉽다.

### (3) 발화점에 영향을 미치는 인자

온도, 압력, 조성, 용기의 크기 및 형태

### (4) 연소온도에 영향을 미치는 인자

연료의 저위발열량, 공기비, 산소농도, 열전달계수

### (5) 예혼합연소 (혼합기연소)

가연성 기체를 미리 공기와 혼합시켜 연소하는 방식

### (6) 내부연소 (자기연소)

외부로부터 산소 공급이 없더라도 자체 산소를 이용하여 연소하는 형태

### (7) 폭 발

격렬한 연소의 한 형태로서 급격한 압력의 발생, 해방의 결과로서 격렬한 음향과 폭풍을 수반하는 팽창현상

### (8) 폭 연

충격파가 음속보다 느린 경우, 가솔린과 공기혼합물이 1/300초 내에 완전연소하는 경우 압력은 수 기압 정도이며 폭굉으로 발전할 수 있음.

### (9) 폭 굉

데토네이션이라고 하며, 가스 중의 음속보다도 화염전파속도가 큰 경우 (마하수 : 3~5배, 압력 : 15~40 atm, 폭파속도 : 1000~3500 m/s)

### (10) 폭굉유도거리 (DID)

완만한 연소가 폭굉으로 발전하는 거리이다. 짧을수록 위험하다 (정상연소속도가 클수록, 관 속에 장애물이 있거나 지름이 작을수록, 고압일수록, 점화원의 에너지가 강할수록 짧아진다.)

## 4.13 단위 해설

### (1) 연소율 (kg/m² · h)

화격자 단위면적에서 1시간 동안에 연소시킬 때의 중량으로, 화격자 부하율이라고도 한다.

### (2) 열발생률 (kcal/m³·h)

열손실 용적당 1시간에 발생하는 열량이며, 연소시 열부하 또는 열발생률이라고도 한다.

### (3) 화격자 열발생률 (kcal/m²·h)

화격자 단위면적당 발생하는 열량

### (4) 보일러용량 (kg/g)

단위시간당 발생시킬 수 있는 최대증발량

### (5) 보일러효율

$$\eta = \frac{G_a(h_2 - h_1)}{G_f \times H_l} = \frac{539 G_e}{G_f \times H_l}$$

여기서, $G_f$ : 시간당 연료소비량 (kg/h), $H_l$ : 저위발열량 (kcal/h), $G_a$ : 시간당 증기발생량 (kg/h), $G_e$ : 상당증발량 (kg/h)

### (6) 전열면 열부하 (kcal/m²·h)

전열면 1 m²당 시간당 통과열량

### (7) 보일러마력

급수온도 37.8℃, 압력 4.9 kg/cm²에서 1시간에 13.6 kg의 증기를 발생시키는 능력. 상당증발량으로 환산시 15.65 kg/h

※ 보일러마력 : $\dfrac{G}{15.65}$

보일러효율 : $\eta = \eta_c \times \eta_h$

($\eta_c$ : 연소효율, $\eta_h$ : 전열효율)

### (8) 화재, 소화

| | | | |
|---|---|---|---|
| A급 | 일반화재 | 백색 | 주수, 알카리 |
| B급 | 유류화재 | 황색 | 포말소화기, 분말 |
| C급 | 전기, 가스 | 청색 | 분말소화기 |
| D급 | 금속화재 | × | 건조사 |
| LPG 화재시 - 중탄산소다, 분말소화기 | | | |

## 4.14 냉동사이클

**(1) $P-i$ 선도**

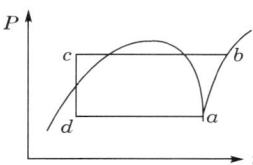

① a → b : 압축과정 (저온 저압의 증기가 고온 고압의 과열증기가 된다.)
② b → c : 응축과정 (고온 고압의 증기가 고온 고압의 액이 된다.)
③ c → d : 팽창과정 (고온 고압의 액이 저온 저압의 액이 된다.)
④ d → a : 증발과정 (저온 저압의 액이 저온 저압의 증기가 된다.)
  ※ 열-흡수 : 증발기
   열-방출 : 응축기
   등엔탈피과정 : 팽창시
   등엔트로피과정 : 압축시
   냉동기효율 $COP = \dfrac{a-c}{b-a}$

**(2) $P-V$ 선도**

① 1 → 2 : 단열팽창
② 2 → 3 : 등온흡열
③ 3 → 4 : 단열압축
④ 4 → 1 : 등압방출

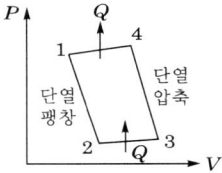

**(3) 랭킨사이클**

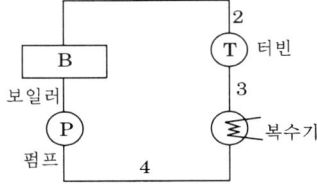
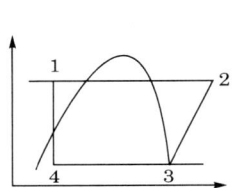

$$\eta = \dfrac{h_2 - h_3}{h_2 - h_4} \times 100$$

제4편 연소공학

> 30 kg/cm²의 건조포화증기를 배기압 0.5 kg/cm²까지 작용시키는 랭킨사이클에서 이론적 효율은 얼마인가?
>
> 해설
> - 건조포화증기의 엔탈피 : 670 kcal/kg
> - 0.5 kg/cm²의 포화수의 엔탈피 : 81 kcal/kg
> - 0.5 kg/cm²의 단열팽창시킨 증기의 엔탈피 : 513 kcal/kg
> - 효율 = $\dfrac{670-513}{670-81}$

### (4) 오토사이클

$$\eta = 1 - \left(\dfrac{1}{\varepsilon}\right)^{k-1}$$

> 오토사이클에서 압축비가 5일 때 열효율은 몇 %인가? (단, 비열비 : 1.4, 압축비 : 5)
>
> 해설
> - $1 - \left(\dfrac{1}{5}\right)^{1.4-1} = 0.475 = 47.5\%$

### (5) 냉동기 성적계수

$$\dfrac{T_2}{T_1 - T_2} = \dfrac{Q_2}{Q_1 - Q_2} = \dfrac{Q_2}{A_w}$$

### (6) 열펌프 성적계수

$$\dfrac{T_1}{T_1 - T_2} = \dfrac{Q_1}{Q_1 - Q_2} = \dfrac{Q_1}{A_w}$$

### (7) 열효율

$$\dfrac{T_1 - T_2}{T_1} = \dfrac{Q_1 - Q_2}{Q_1} = \dfrac{A_w}{Q_1}$$

여기서, $Q_1$ : 증발기에서 흡수한 열량 (kcal), $Q_2$ : 응축기에서 방출한 열량 (kcal)
$A_w$ : 압축기에서 소비한 열량, $T_1$ : 증발온도 (K), $T_2$ : 응축온도 (K)

- 단열압축시 : 엔트로피 일정
- 단열팽창시 : 엔탈피 일정

$$\dfrac{C_p}{C_v} = K, \ C_p = C_v + AR$$

## 4.15 전 열

열의 이동을 전열이라고 한다. 단위시간에 열이 이동하는 양, 즉 전열량은 온도차에 비례하고 열저항에 반비례한다. 열은 온도차에 의해 이동하고, 열의 이동에는 저항이 있으며, 이 저항을 이겨내고 열이 이동하기 위해 온도차가 필요하다.

$$Q \propto \frac{\Delta t}{W}$$

여기서, $Q$ : 전열량, $\Delta t$ : 온도차, $W$ : 열저항

### (1) 전도 (conduction)

고체 내부에서의 열의 이동을 말한다.

① 열전도율 ($\lambda$ : kcal/m · h · ℃) : 1변이 1 m의 입방체의 4면을 단열하여 나머지 2변을 온도차 1℃로 할 때 1시간 동안 양면간을 흐르는 열량

② 시간당 전열량 (kcal/h) : 전열면적 ($m^2$)과 온도차 (℃)에 비례하고 길이 (두께 : $m$)에 반비례한다.

$$Q = \lambda \cdot F \cdot \frac{t_1 - t_2}{l}$$

여기서, $Q$ : 시간당 전열량 (kcal/h), $t_1$ : 고체의 고온측의 온도 (℃), $l$ : 길이 (m)
$F$ : 전열면적 ($m^2$), $t_2$ : 고체의 저온측의 온도 (℃)

$$\lambda = \frac{Q \times l}{F \times (t_1 - t_2)} = \frac{\text{kcal/h} \times \text{m}}{\text{m}^2 \times \text{℃}} = \text{kcal/m} \cdot \text{h} \cdot \text{℃}$$

### (2) 전 달

유체와 고체간의 열의 이동

① 열전달률 (표면전열률, 격막계수, $\alpha$ : kcal/$m^2$ · h · ℃) : 1변 1 m의 표면에 1℃의 유체와의 사이에 1시간 동안 전달되는 열량

② 시간당 전열량 (kcal/h) : 전열면적 ($m^2$)과 온도차 (℃)에 비례한다.

$$Q = \alpha \cdot F \cdot (t_0 - t_1) \text{에서 } \alpha = \frac{l}{F \cdot (t_0 - t_s)} = \text{kcal/m}^2 \cdot \text{℃}$$

여기서, $Q$ : 시간당 전열량 (kcal/h), $t_0$ : 유체의 온도 (℃), $F$ : 전열면적 ($m^2$)
$\alpha$ : 열전달률 ($\alpha$ : kcal/$m^2$ · h · ℃), $t_1$ : 고체 표면의 온도 (℃)

### (3) 통과

고체를 사이에 둔 유체간의 열의 이동

① 열통과율 (열관류율, 전열계수 : $K$, kcal/m² · h · ℃) : 고체를 사이에 둔 양 유체간의 평균온도차가 1℃인 경우 1 m²의 면적에 1시간 동안 통과하는 열량

② 시간당 전열량 (kcal/h) : 전열면적 (m²)과 온도차 (℃)에 비례한다.

$$Q = K \cdot F \cdot \Delta_{tm}$$

$$K = \frac{Q}{F \cdot \Delta_{tm}} = kcal/m^2 \cdot h \cdot ℃$$

여기서, $Q$ : 시간당 전열량 (kcal/h), $K$ : 열통과율 (kcal/m² · h · ℃)

$\Delta_{tm}$ : 평균온도차 (℃)

[평균온도차 ($\Delta t_m$)]

- 산술평균온도차

$$\frac{\Delta_1 + \Delta_2}{2} \left(\frac{\Delta_1}{\Delta_2} < 3 \text{ 일 때 사용된다.}\right)$$

- 대수평균온도차(MTD : Mean Temperature Degree)

$$MTD = \frac{\Delta_1 - \Delta_2}{2.3 \log \frac{\Delta_1}{\Delta_2}} \left(\left(\frac{\Delta_1}{\Delta_2}\right) > 3 \text{ 일 때 사용된다.}\right)$$

### (4) 이상기체의 내부에너지는 온도만의 함수

- $dH = C_p dT$
- $dU = C_v dT (C_p = C_v + AR)$

## 4.16 안전관리체계

SMS (Safety Management System)는 안전관리 활동 전반에 존재하는 위해 요인을 찾아내 그 성격을 분석 평가하고 사전에 필요한 조치를 강구함으로써 사고를 근원적으로 예방하기 위한 제도이다.

### (1) 안전성 평가서

공정위험 특성, 잠재위험의 종류, 사고빈도 최소화 및 사고시의 피해 최소화 대책, 안전성 평가 세부내용, 안전성 평가 수행자 명단

## (2) 안전운전계획

안전운전지침서, 설비점검 검사 및 보수·유지계획 및 지침서 안전작업허가, 협력업체 안전관리계획, 종사자 교육 계획, 자체검사 및 사고조사 계획, 변경요소 관리 계획

## (3) 안전성 평가기법

① 체크리스트법 : 공정 및 설비의 오류, 결함상태, 위험상황 등을 작성하여 경험적으로 비교함으로써 위험성을 정성적으로 파악하는 기법

② 결함수 분석 (FAT ; Fault Tree Analysis)기법 : 사고를 일으키는 장치의 이상이나 운전자 실수의 조합을 연역적으로 분석하는 정량적 평가기법이다.

③ 사건수 분석 (ETA ; Event Tree Analysis)기법 : 초기 사건으로 알려진 특정한 장치의 이상이나 운전자의 실수로부터 발생되는 잠재적인 사고결과를 평가하는 정량적 평가기법이다.

④ 상대 위험순위 결정 (Dow And Indices)기법 : 설비에 존재하는 위험에 대하여 구체적으로 상대 위험순위를 지표화하여 그 피해 정도를 나타내는 상대적 위험순위를 정하는 안전성 평가기법을 말한다.

⑤ 작업자 실수 분석 (HEA ; Human Error Analysis)기법 : 설비 운전원, 정비보수원, 기술자 등의 작업에 영향을 미칠만한 요소를 평가하여 그 실수의 원인을 파악하고 추적하여 정량적으로 실수의 상대적 순위를 결정하는 안전성 평가기법을 말한다.

⑥ 사고 예상질문 분석 (WHAT-IF)기법 : 공정에 잠재하고 있으면서 원하지 않는 나쁜 결과를 초래할 수 있는 사고에 대하여 예상질문을 통해 사전에 확인함으로써 그 위험과 결과 및 위험을 줄이는 방법을 제시하는 정성적 안전성 평가기법을 말한다.

⑦ 위험과 운전 분석 (Hazard And Operability Studies)기법 : 위험과 운전 분석 기법은 공정에 존재한 위험 요소들과 공정의 효율을 떨어뜨릴 수 있는 운전상의 문제점을 찾아내어 그 원인을 제거하는 정성적인 안전성 평가기법을 말한다.

⑧ 이상 위험도 분석 (Failure Modes, Effects, and Criticality Analysis)기법 : 이상 위험도 분석 기법은 공정 및 설비 고장의 형태 및 영향, 고장 형태별 위험도 순위 등을 결정하는 기법을 말한다.

⑨ 원인결과 분석 (Cause-Consequence Analysis, CCA)기법 : 원인결과 분석 기법은 잠재된 사고의 결과와 이러한 사고의 근본적인 원인을 찾아내고 사고 결과와 원인의 상호관계를 예측·평가하는 정량적 안전성 평가기법을 말한다.

제 4 편 연소공학

## 4.17 소화설비

**(1) 포말소화기** : 외통과 내통으로 구성된다.

① 외통 : 중탄산나트륨(중조, $NaHCO_3$) 용액 + 기포안정제
② 내통 : 황산알루미늄[$Al_2(SO_4)_3$] 용액

$$6NaHCO_3 + Al_2(SO_4)_3 \rightarrow 3Na_2SO_4 + 2Al(OH)_3 + 6CO_2 + 18H_2O$$

③ 기포 : pH 7.4의 중성기포로서 기물 손상이 없다.
④ 성능 : 방사시간 1분 정도, 방사거리 10m 정도
⑤ 적용 : 목재, 섬유류 등의 일반화재와 유류화재에 사용

**(2) 분말소화기**

① 사용도가 가장 광범위하다.
② 건조된 중탄산나트륨 분말을 내부에 충전하였으며, 가스나 전기(고압) 시설의 화재에 안전하게 쓰인다.
③ 방사시간은 1~3분 정도, 방사거리 10m 내외이다.

**(3) 이산화탄소소화기**

① 공기보다 1.52배 무거운 $CO_2$를 액상으로 충전하여 사용하며, 인화성 액체, 부전도성의 소화가 필요한 전기설비의 초기 화재, 모타, 기계류의 화재에 쓰인다.
② 방사시간은 수십 초로서 초기화재나 소형 화재에 쓰이고 방사거리는 2m 정도이다.

요점정리

① **화재시 가스의 사고유형**
- 압축가스 : 화재 → 용기의 가열 → 내부가스 팽창 → 압력의 증가 → 폭발
- 액화가스 : 화재 → 액체 가열 → 증발 격심 → 기체의 부피 급증 → 압력 증가 → 폭발

② **화재의 분류**
- A급 : 일반화재-백색으로 나타낸다.
- B급 : 유류화재-황색으로 나타낸다.
- C급 : 전기화재-청색으로 나타낸다.
- D급 : 금속화재-색 규정 없음.

## 4.18 안전을 위한 설비

### (1) 방폭구조

가연성 가스 설비 중 전기설비에서 발생하는 전기스파크로 인한 폭발을 방지하기 위하여 설비한다.

① 압력(壓力) 방폭구조 : 용기 내부에 공기, 질소 등의 보호기체를 압입하여 내부에 압력을 유지함으로써 폭발성 가스가 외부에서 침입하지 못하도록 한 구조이다.
② 내압(耐壓) 방폭구조 : 전폐구조로서 용기 내에서 폭발성 가스가 폭발하여도 압력에 견디고, 내부의 폭발화염이 외부로 전해지지 않도록 하는 구조이다.
③ 유입(油入) 방폭구조 : 전기기기의 불꽃, 아크가 발생하는 부분을 절연유에 격납하여 폭발가스에 점화되지 않도록 한 구조이다.
④ 안전증 방폭구조 : 운전 중 불꽃, 아크, 과열이 발생하면 안 되는 부분에 이들이 발생하지 않도록 구조상 또는 온도의 상승에 대하여 안전성을 높인 구조이다.

① **방폭구조를 하지 않아도 되는 가연성 가스** : $NH_3$(15~28%)와 $CH_3Br$(13.5~14.5%)의 두 가지는 폭발하한계가 낮지 않고 범위도 좁아서 방폭구조를 하지 않는다.
② **내압(內壓)과 내압(耐壓)을 구분할 것.**
③ **본질 안전증 방폭구조** : 안전증 방폭구조를 개량한 구조로서 운전 중, 사고시에 발생하는 불꽃, 아크, 열에 의하여 폭발성 가스에 점화될 우려가 없음이 점화시험으로 확인된 구조

### (2) 방호벽

고압가스 설비의 운전 중에 발생하는 사고가 다른 설비로 영향을 끼치지 못하도록 안전하게 설계된 칸막이 벽이다.

| 제품종류 | 높이 | 두께 | 구 조 | 비 고 |
|---|---|---|---|---|
| 철근콘크리트 | 2m | 12cm | 지름 9mm 이상의 철근을 가로, 세로 40cm 이하의 간격으로 배근, 결속 | - |
| 콘크리트 블록 | 2m | 15cm | 철근콘크리트제와 같은 구조로 하고 블록 공동부에 콘크리트 모르타르를 채운 구조 | |
| 후강판 | 2m | 6mm | 30mm×30mm의 앵글강을 가로, 세로 40cm 이하의 간격으로 용접 보강 | 1.8m 이하의 간격으로 지주 세움. |
| 박강판 | 2m | 3.2mm | - | 위와 같음. |

① **방호벽** : 높이 2m 이상, 두께 12cm 이상의 철근콘크리트 제품과 동등 이상의 강도를 가진 규격이어야 한다.
② **설치 장소**
   - 압축기와 9.8MPa 이상의 충전장소, 충전용기 보관소 사이
   - 압축기와 $C_2H_2$ 충전장소, 충전용기 보관소 사이
   - LPG 저장탱크와 충전장소 사이
   - 저장시설의 기화설비 주위
   - 용기보관실의 벽
   - 특정고압가스 보관실의 벽(300kg⟨60m³⟩ 이상일 때)

### (3) 2중배관

독성가스의 누설에 의한 사고를 방지하기 위하여 설비하며 그 대상가스는 다음과 같다.(8가지)
- $SO_2$(아황산가스)  • $Cl_2$(염소)  • $COCl_2$(포스겐)  • $H_2S$(황화수소)
- $NH_3$(암모니아)  • $C_2H_4O$(산화에틸렌)  • HCN(시안화수소)  • $CH_3Cl$(염화메탄)

※ 내층관의 바깥지름과 외층관의 안지름은 1.2배의 배율이다. 즉, 외층관의 안지름 = 내층관의 바깥지름×1.2 이상

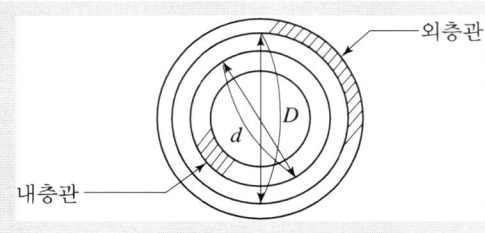

$D$ : 외층관 안지름
$d$ : 내층관 바깥지름
$D \geq d \times 1.2$

### (4) 긴급차단장치

① 저장탱크에 접속된 배관에서 유체의 온도, 주위온도의 상승 등으로 사고발생의 위험 또는 오조작 등으로 액상의 가스가 유출될 위험에 있을 때 신속하게 차단한다.
② 설치위치 : 가연성, 독성 저장탱크로 액상의 가스를 송출 또는 이입하거나 이들을 겸용으로 하는 배관 중에 설치
③ 조작위치 : 5m 이상(고압가스 특정제조는 10m 이상) 이격
④ 작동 : 가용합금을 부착하여 유체 또는 주위온도가 110℃ 이상이 되면 자동으로 작동한다.
⑤ 종류
   ㉮ 외장형 : 액배관으로 저장탱크에 가까운 곳으로서 주밸브 외측에 설치하는 배관접

속형이다.

㉯ 내장형 : 탱크의 내면에 내장되는 저조내장형이다.

⑥ 작동원리

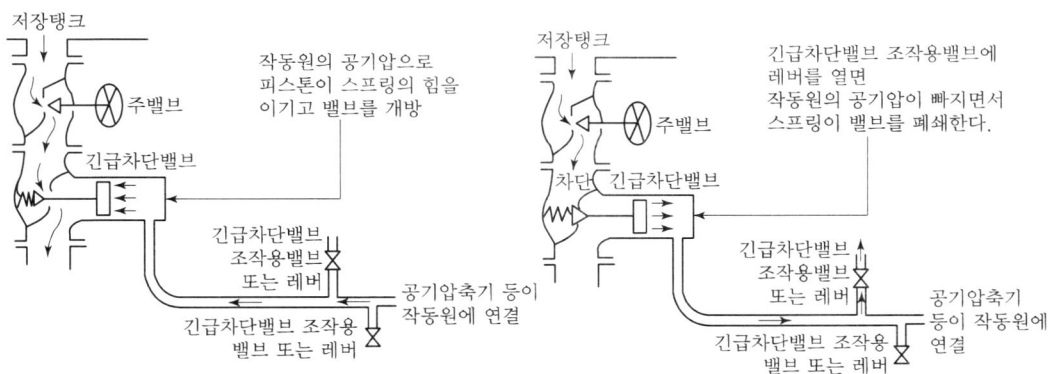

① **작동원의 종류** : 공기압, 유압, 수동식(스프링식), 전기(보안전력장치 사용)의 네 가지가 있으며, 공기압식과 유압식이 주로 쓰인다.
② **작동레버** : 3곳 이상 설치
③ **설치대상 용량** : 저장탱크 내용적 5,000$l$ 이상일 때
④ **긴급차단장치의 기밀성능**
 • 부착상태 : $\phi$1.4mm의 구경에서 누출되는 가스량 이상의 누설이 없을 것.
 • 분리상태 : $N_2$, 공기 등으로 차압 5kg/cm$^2$에서 3분간 누설량이 1$l$ 미만일 것.
⑤ 긴급차단장치는 저장탱크의 주밸브와 겸용으로 사용하면 안 된다.

### (5) 고압설비의 안전장치

안전밸브, 바이패스 밸브, 파열판, 자동제어장치 등이 있다.

① 안전밸브 : 내압시험압력의 80% 이하에서 작동할 것
② 바이패스 밸브
  ㉠ 고압측의 고압가스를 저압측으로 바이패스시키는 구조
  ㉡ 작동압력 : 규정압력을 넘을 때 작동한다.
  ㉢ 바이패스량 : 펌프배관 내의 1시간의 유량으로 결정
③ 파열판
  ㉠ 반응설비로서 이상 반응이 예상되는 설비에 설치
  ㉡ 파열압력 : 내압시험압력 이하
  ㉢ 안전밸브와 병행으로 설치할 때에는 안전밸브 작동압력 이상에서 작동

④ 자동제어 장치
　　㉠ 압축기, 펌프의 토출측 압력을 검출하여 흡입량을 자동적으로 제한하거나 차단하는 구조
　　㉡ 규정압력이 넘을 때 자동으로 제어한다.

## (6) 방류둑

① 저장탱크의 액화가스가 액체상태로 누설되어 다른 곳으로 유출되는 것을 방지하기 위하여 설치한다.
② 용량 : 저장능력에 해당하는 전량(100%)이다.
　※ 단, 액화산소는 저장능력 상당용적의 60%로 한다.
③ 구조　• 정상부 목 : 30cm 이상
　　　　• 성토기울기 : 45° 이하
　　　　• 재료 : 철근, 철근콘크리트, 금속, 흙으로 구성

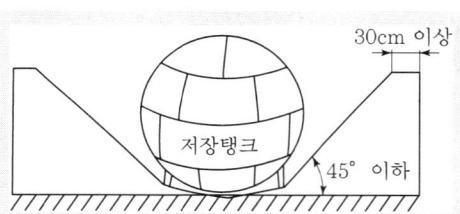

④ 계단, 사다리 : 50m마다 계단, 사다리, 출입구를 1개 이상 설치하며, 전 둘레가 50m 미만일 때는 분산해서 2개 설치한다.
⑤ 대상 : 독성 저장탱크 : 5t 이상
　• 가연성 저장탱크 : 1,000t 이상(특정제조설비는 500t 이상)
　• 산소저장탱크 : 1,000t 이상

> **방류둑의 구비조건**
> ① 액밀구조일 것.
> ② 액이 체류한 표면적이 작을 것(대기접촉량이 적어야 기화량이 적다.).
> ③ 높이에 상당하는 액두압에 견딜 것.
> ④ 배관이 관통할 때는 누설방지, 부식방지 조치
> ⑤ 금속재료는 방식, 방청 조치
> ⑥ 가연성, 독성 또는 가연성 산소는 혼합배치 금지

# PART 05 계측기기

1. 계측과 단위
2. 측정기기
3. 유량계와 가스분석계
4. 자동제어와 가스미터
5. 계측기기 핵심정리

# 05 계측기기

## 1 계측과 단위

### 1.1 계측의 목적

조업 조건의 안정, 설비의 효율적 이용과 안전관리, 인원 절감

### 1.2 계측기의 구비조건

내구성, 신뢰성, 경제성, 연속성, 보수성

### 1.3 계측단위

#### (1) 기본단위

길이 (m), 무게 (kg), 시간 (s), 온도 (K), 전류 (A), 물질량 (mol), 광도 (cd)

#### (2) 유도단위

넓이 ($m^2$), 체적 ($m^3$), 가속도 ($m/s^2$), 속도 (m/s), 일 (kg · m), 열량 (kcal), 유량 ($m^3/s$)

#### (3) 보조단위

$10^1$ (데카), $10^2$ (헥토), $10^3$ (킬로), $10^6$ (메가), $10^{-1}$ (데시), $10^{-3}$ (밀리), $10^{-6}$ (마이크로)

※ 오차 = 측정값 − 진실값 (+는 측정값이 큰 것, −는 작은 것)

① 기차 : 계량기의 오차

　기차 $E = I - Q$　　여기서, $I$ : 표시량, $Q$ : 진실값

② 사용공차는 검정공차의 1.5~2배

제 5 편  계측기기

## 1.4 기 타

### (1) 습 도

$P = P_g + P_w$

여기서, $P$ : 습가스의 전압, $P_g$ : 가스의 분압, $P_w$ : 수증기의 분압

### (2) 절대습도

건조공기 1 kg에 대한 수증기의 질량

$H_2O \text{ kg}/(\text{dry gas}) \text{ kg} = \dfrac{습가스\ 중의\ 수분}{습가스\ 중의\ 건가스} = \text{kg/kg}$

### (3) 상대습도

포화수증기량과 습가스 수증기와의 중량비

상대습도 % $= \dfrac{rW:\ 습가스\ 중의\ 습도(\text{kg/m}^3)}{rS:\ 포화\ 습가스의\ 수분(\text{kg/m}^3)} \times 100$

① 온도가 상승하면 상대습도는 증가한다.
② 상대습도가 100 %가 되면 물방울이 생긴다.
③ 노점온도 : 공기 중의 수분이 응축되는 온도

### (4) 점 도

① 뉴턴의 점성법칙

$f = \mu \times S \times dv/dy$

여기서, $f$ : 마찰력, $\mu$ : 점도 g/cm · s (푸아즈), $S$ : 경계면적

$dv/dy : \dfrac{속도}{정지면에서의\ 거리}$ : 속도기울기

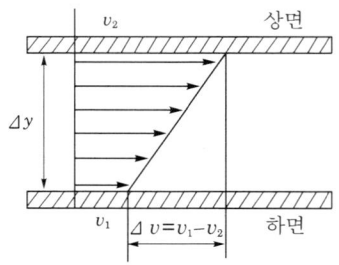

② $\frac{1}{100}$ Poise는 1 centipoise

③ 기체 및 액체가 흐를 때 정지면에서는 이동하지 않으나 정지면에서 떨어짐에 따라 유층의 속도는 빨라진다.

### (5) 유동도

점도의 반대 개념으로 사용되며 얼마나 흐르기 쉬운가를 결정하는 척도이다.

$\Phi = \frac{1}{\mu}$ 여기서, $\Phi$ : 유동도, $\mu$ : 점도

### (6) 동점도

$$S.t = \frac{g/cm \cdot s}{g/cm^3} = cm^2/s (스토크스)$$

**대표적인 물리량의 단위와 차원**

| 양 | 공학단위 | SI 단위 | MLT 계 | FLT 계 |
|---|---|---|---|---|
| 길이 | mm | m | [L] | [L] |
| 질량 | kgf·s²/m | kg | [M] | [FL⁻¹T²] |
| 시간 | s | s | [T] | [T] |
| 면적 | m² | m² | [L²] | [L²] |
| 체적 | m³ | m³ | [L³] | [L³] |
| 속도 | m/s | m/s | [LT⁻¹] | [LT⁻¹] |
| 가속도 | m/s² | m/s² | [LT⁻²] | [LT⁻²] |
| 각속도 | rad/s | rad/s | [T⁻¹] | [T⁻¹] |
| 비중량 | kgf/m³ | kg/m²·s² | [ML⁻²T⁻²] | [FL⁻³] |
| 밀도 | kgf·s²/m⁴ | kg/m³ | [ML⁻³] | [FL⁻⁴T²] |
| 운동량 | kgf·s | kg·m/s | [MLT⁻¹] | [FT] |
| 힘, 무게 | kgf | N, kg·m/s² | [MLT⁻²] | [F] |
| 토크 | kgf·m | kg·m/s² | [ML²T²] | [FL] |
| 압력 (응력) | kgf/cm² | Nm²(Pa), bar | [ML⁻¹T²] | [FL⁻²] |
| 에너지일 | kgf·m | J, N·m, kg·m²/s² | [ML²T⁻²] | [FL] |
| 동력 | kgf·m/s | W, kg·m²/s² | [ML²T⁻³] | [FLT⁻¹] |
| 점성계수 | kgf·s/m² | N·s/m² | [ML⁻¹T⁻¹] | [FL⁻²T] |
| 동점성계수 | m²/s | m²/s | [L²T⁻¹] | [L²T⁻¹] |
| 온도 | ℃, K | ℃, K | [T] | [T] |
| 공학기체상수 | m/K | kJ/kg·K | [LT⁻¹] | [LT⁻¹] |

### (7) 차원식

① M.L.T. : 절대 (물리)단위
② F.L.T. : 중력 (공학)단위

여기서, M : 질량, F : 힘, L : 길이, T : 시간

| 질 량 | 길 이 | 시 간 | 힘 |
|---|---|---|---|
| kgfs$^2 \cdot$m | m | s | kgf |

③ 1 kg = 1 kg (m)
④ $1 \text{ kg (m)} = \dfrac{1}{9.8} \text{ kgf} \cdot \text{s}^2/\text{m}$, $FL^{-1}T^2$

## 1.5 힘 (force)

$[F] = [MLT^{-2}]$

① 절대단위 $\left(\dfrac{\text{MKS}}{\text{SI}}\right)$ 1 N = 1 kg $\cdot$ m/s$^2$

  CGS = 1 dyne = 1 g $\cdot$ 1 cm/s$^2$
     = $10^{-3}$ kg $\cdot$ $10^{-2}$ m/s$^2$
     = $10^{-5}$ kg $\cdot$ m/s$^2$

② 공학단위 1 kgf = 9.8 N = 9.8 × 10$^5$ dyne

## 1.6 압 력

$P = \dfrac{F}{A} \quad \therefore \quad \dfrac{F}{L^2} = FL^{-2} \Rightarrow ML^{-1}T^{-2}$

① 절대단위 : MKS, SI, CGS
  1 Pa = 1 N/m$^2$
② 공학단위 - 1기압
  1 kgf/cm$^2$ = 9.8 × 10$^4$ Pa = 98 kPa

## 1.7 연속방정식

유체유동에 있어서 ①의 단면에 유입되는 유체의 질량과 ②의 단면에 유출되는 질량이 보존되는 법칙 (질량 보존의 법칙)

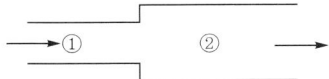

### (1) 질량 유동률 ($m$)

시간에 따른 질량의 변화량 : kg·m/s (질량 $m$을 시간 $t$에 대해 미분한 것)

$$\rho_1 A_1 V_1 = \rho_2 A_2 V_2 = m$$

### (2) 중량 유동률 ($G$)

시간에 따른 중량의 변화량 : kgf/s (중량 $G$를 시간 $t$에 대해 미분한 것)

$$r_1 A_1 V_1 = r_2 A_2 V_2 = G$$

### (3) 체적유량 $Q$ (m³/s)

비압축성 유체의 흐름에서는 $\rho$가 일정하므로 $\rho_1 = \rho_2$, $r_1 = r_2$가 된다.

$$Q = A_1 V_1 = A_2 V_2$$

## 2 측정기기

### 2.1 온도계

**(1) 습 도**

구분 ┌ 접촉식 : 저온 측정
     └ 비접촉식 (광고온도계, 방사온도계, 색온도계) : 고온 측정

① 수은온도계 : 응답성이 빠르며 −35℃에서 360℃까지 측정한다.
② 알코올 온도계 : 저온용으로 −100~100℃
③ 베크만 온도계 : 5~6℃ 사이를 0.01℃까지 측정이 가능하며, 초정밀용이다.
④ 바이메탈식 온도계 : 열팽창계수가 다른 두 금속을 사용하여 휘어지는 것을 이용 (−50~500℃ : 자동제어용)
⑤ 압력식 온도계 : 온도에 따른 체적의 변화를 압력으로 변화시켜 측정한다. 액체봉입식, 증기압식, 기체압식이 있으며 극저온에 사용한다.
⑥ 전기저항온도계 : 온도가 상승할 때 전기저항이 증가하는 현상을 이용. Pt, Ni, Cu 등을 사용한다 (−200~500℃ 측정).

　　액체팽창식 온도계　　가스팽창식 온도계　　고체팽창식 온도계

⑦ 열전대온도계 : 두 가지 금속의 기전력을 이용
　㉮ PR (백금, 백금로듐) : 0~1600℃
　㉯ CA (크로멜, 알루멜) : −20~1200℃

㉓ IC (철, 콘스탄탄) : -20~800℃
㉔ CC (구리, 콘스탄탄) : -180~350℃

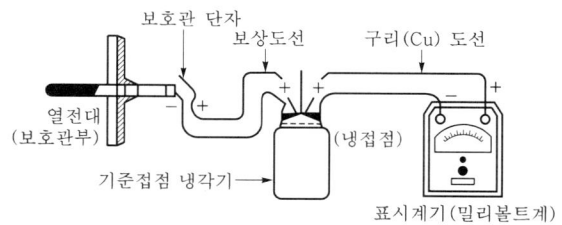

⑧ 제게르콘 온도계 : 내열성 금속산화물로 만든 삼각추로 연화되는 모양으로 측정한다 (600~2000℃ 측정). 종류 59종

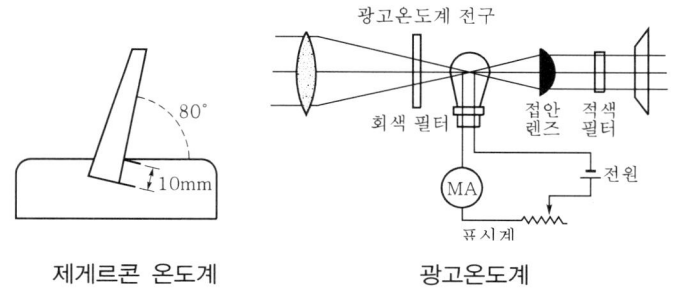

제게르콘 온도계 　　　　광고온도계

⑨ 서모컬러 온도계 : 온도에 따라 색이 변하는 물질을 표면에 칠하여 온도의 변화를 측정
⑩ 광고온도계 : 고온의 물체에 방사되는 적외선의 휘도를 전구 필라멘트의 휘도와 비교하여 측정 (700~3000℃)
⑪ 방사온도계 : 물체로부터 나오는 전 방사에너지를 측정하여 온도로 변화시킨다 (이동물체 50~3000℃).

$$Q = 4.88 \cdot \varepsilon \cdot (T/100)^4 \text{ kcal/m}^2 \cdot \text{h}$$

여기서, $\varepsilon$ : 방사율, $T$ : 절대온도

⑫ 광전관식 온도계 : 광고온도계를 자동화한 것 (700℃ 이상).
⑬ 색온도계 : 고열체를 보면서 필터를 조절하여 합치시켜 측정한다 (750℃ 이상).

## 제5편 계측기기

### 온도와 색과의 관계

| 온도(℃) | 색 | 온도(℃) | 색 |
|---|---|---|---|
| 600 | 어두운 색 | 1500 | 눈부신 황백색 |
| 800 | 붉은색 | 2000 | 매우 눈부신 흰색 |
| 1000 | 오렌지 색 | 2500 | 푸른 기가 있는 흰색 |
| 1200 | 노란색 | | |

| 종류 | | 측정온도 범위(℃) | 정도(℃) | 응답 | 비고 |
|---|---|---|---|---|---|
| 접촉식 온도측정 | 유리온도계 | $-100 \sim 600$ | 1 (0.01) | 빠르다 | 시험실용 |
| | 압력온도계 | $-100 \sim 600$ | 2 (0.5) | 느리다 | 비교적 안가, 원격지시 50m |
| | 열전온도계 | $-200 \sim 1600$ ($-250 \sim 2500$) | 1 (0.05) | 느리다 (빠르다) | 공업계측용으로 적합하다. |
| | 저항온도계 / 급속저항 | $-200 \sim 600$ $-250 \sim 1100$ | 0.1 (0.001) | 느리다 (빠르다) | 공업계측용으로 적합하다. |
| | 서미스터 | $-100 \sim 300$ ($-250 \sim 1100$) | 1 (0.1) | 빠르다 | 부성(負性)을 가지고 있다. |
| 비접촉식 온도측정 | 방사이용 온도계 / 광고온도계 | $700 \sim 3000$ ($200 \sim 3000$ 이상) | 5 (0.5) | 빠르다 | 1파장의 방사에너지 측정 |
| | 방사온도계 | $50 \sim 3000$ ($3000$ 이상) | 10 (1) | | 전파장의 방사에너지 측정 |
| | 색온도계 | $700 \sim 3000$ 이상 | 10 | | 고온체의 색을 측정 |

### 2.2 압력계

① U자관 압력계 : 양 액면의 높이의 차로 측정한다(10~2000 mmH₂O, 정도 0.5 mmH₂O).

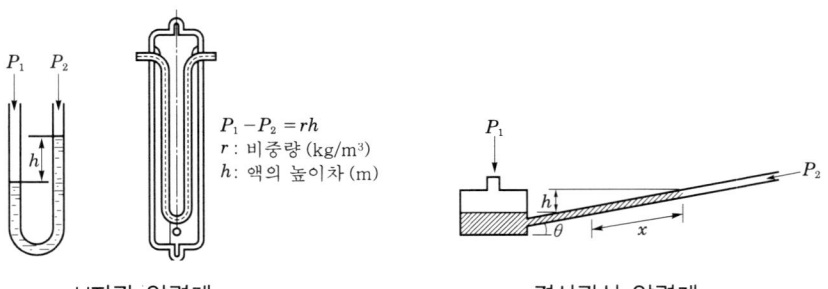

U자관 압력계

$P_1 - P_2 = rh$
$r$ : 비중량 (kg/m³)
$h$ : 액의 높이차 (m)

경사관식 압력계

② 경사관식 압력계 : 한쪽 관은 단면적을 크게 하고 다른 쪽은 작게 하여 눈금을 확대하여 읽을 수 있다 (정밀용 10~50 mmH₂O, 정도 ± 0.05 mmH₂O).

$$P_1 = P_2 + r \cdot x \cdot \sin\theta$$

여기서, $P_2$ : 가는 관 압력, $r$ : 비중량, $\theta$ : 경사각

$x$ : 차이가 나는 경사면 경사 길이

③ 링 밸런스식 압력계 : 내부에 액을 절반 넣고, 하부에 추를 붙여 차압에 의해 회전되어 지침이 표시된다 (25±3000 mmAq 봉입액 : 기름, 수은).

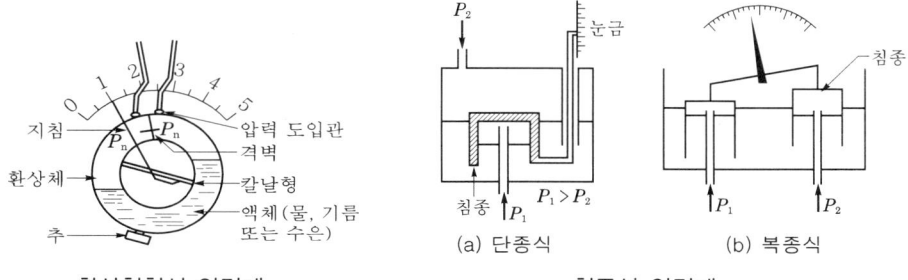

환상천칭식 압력계      침종식 압력계

④ 침종식 압력계 : 침종을 봉하고 다른 한 쪽을 개방시켜 압력차를 측정한다(100mmH₂O 이하의 기체압 측정).
⑤ 분동식 압력계 : 램의 중량+분동중량한 것을 램의 단면적 $A$로 나누어서 측정하며, 검정용 압력계로 사용한다 (범위 5000 kg/cm², 정도 0.005 kg/cm²).
⑥ 부르동관 압력계 : 가장 널리 쓰이는 것이며, 압력이 가해지면 지침이 회전하여 압력을 지시한다 (25~1000 kg/cm², 정도 ±1~2 %).

$$P\,[\text{kg/cm}^2] = W\,[\text{kg}]/A\,[\text{cm}^2]$$

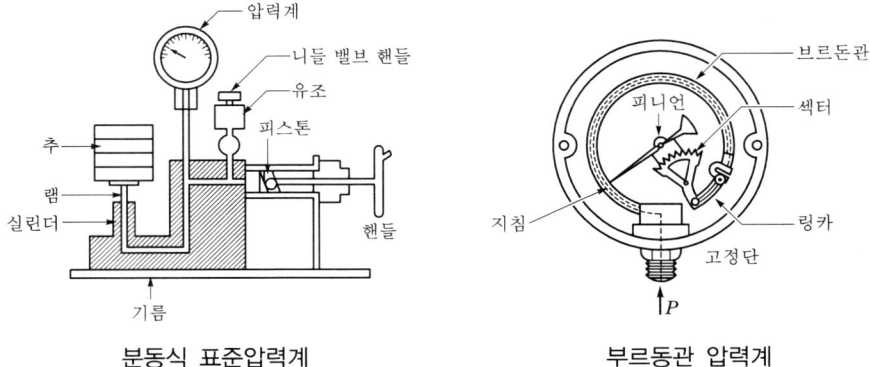

분동식 표준압력계      부르동관 압력계

⑦ 다이어프램 압력계 : 고무, 양은, 인청동, 스테인리스 등 탄성체 박판이 사용되며 부식성 액체나 먼지를 함유한 액체 또는 점도가 높은 액체에 적합하다 (200~500 mmH₂O).

⑧ 벨로스 압력계 : 금속 벨로스의 신축을 이용하는 것으로 스프링과 조합되어 있다 ($0.01 \sim 10 \, kg/cm^2$, 재질 : 인청동, 스테인리스).

⑨ 아네로이드식 압력계 : 주로 기압 측정용이며, 스프링의 변위를 확대시켜 지침을 나타낸다 (온도 보정, 기록용으로 사용).

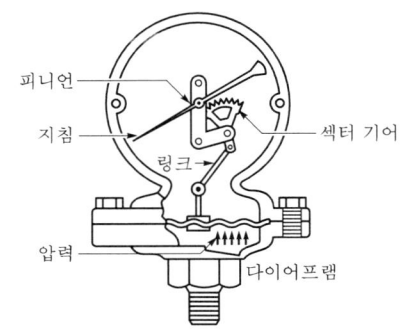
다이어프램 압력계

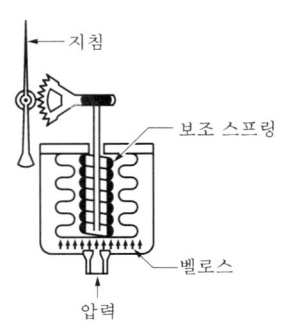
벨로스 압력계

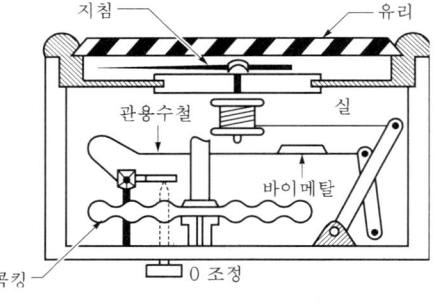
아네로이드식 압력계

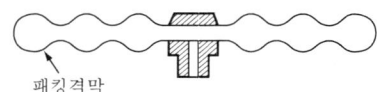
격막 캡슐 (진공실)

## 2.3 힘 (force)

직접식 : 직접 관측, 플로트에 의한 방법
간접식 : 차압 이용, 음향 이용, 방사선 이용

① 유리관식 액면계 (게이지 글라스) : 원형 유리 액면계, 평형 반사식, 평형 투시식이 있다.

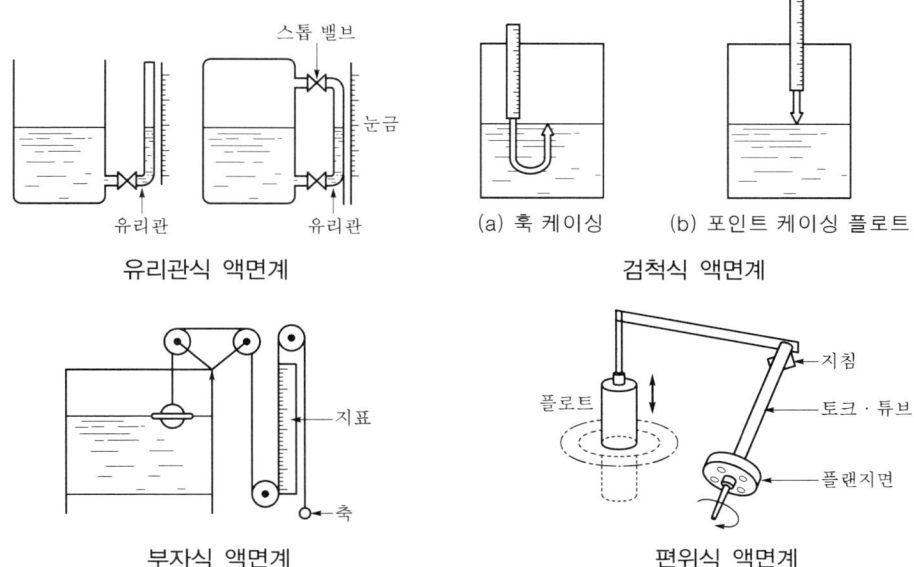

유리관식 액면계      검척식 액면계

부자식 액면계      편위식 액면계

② 검척식 액면계 : 직관식이라고도 하며, 액면의 높이를 직접 자로 측정하는 것이다.
③ 부자식 액면계 : 플로트(float)를 액면에 직접 띄워서 플로트의 움직임을 직접 지시하거나 변환시켜 전송한다 (고압 밀폐탱크용 0.35~4.5 m).
④ 편위식 액면계 : 일면 디스플레이스먼트 액면계라고 하며, 플로트의 부력에 의해 토크튜브의 회전각이 변해 액위를 지시하는 방법이다 (0.5~500 mmH₂O).
⑤ 차압식 액면계 : 기준수위의 압력과 측정액면과의 압력차로 측정한다.

$$H = \frac{\rho_m - \rho}{\rho} \times h$$

여기서, $H$ : 측정범위
$\rho_m$ : 마노미터 측정액의 밀도
$\rho$ : 측정액의 밀도
$h$ : 양 각의 높이차

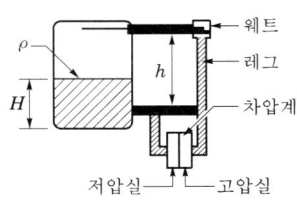

차압식 액면계

⑥ 기포식 액면계 : 탱크 속에 관을 삽입하고 압축공기를 보내어 압축공기와 액면이 같다고 인정하여 측정하며, 퍼지식 액면계라고도 한다.
⑦ 저항전극식 액면계 : 액면지시용보다는 경보용으로 이용한다.
⑧ 초음파식 액면계 : 음의 반사를 이용하는 방법이다.

⑨ 방사선식 액면계 : 밀폐탱크나 부식성 액체탱크에 사용하며, $r$선 등의 방사선 투과력을 이용한 것이다 (방사선 강도가 액면에 따라 달라진다.).

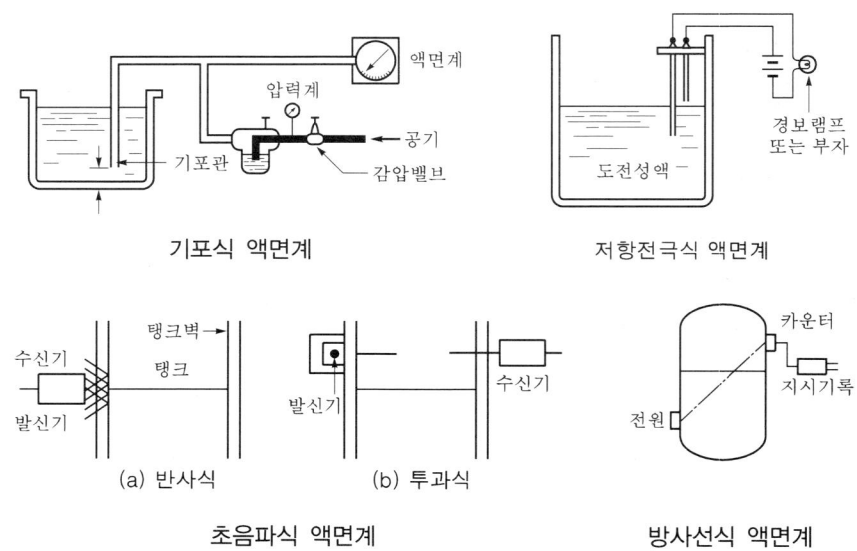

기포식 액면계    저항전극식 액면계

초음파식 액면계    방사선식 액면계

# 3 유량계와 가스분석계

## 3.1 유량계

### (1) 연속의 법칙

그림 ①에서의 유량과 ②에서의 유량은 같다. ①의 유량 $A_1 \times V_1 = A_2 \times V_2$, ②의 유량은 지름을 이용할 때 $V_2 = D_1/D_2 \times V_1$이 된다.

### (2) 베르누이 정리

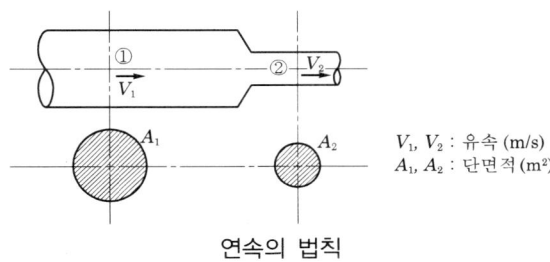

연속의 법칙

①에서의 유체에너지나 ②지점의 에너지는 같다.

$$H = h_1 + \frac{P_1}{r} + \frac{V_1^2}{2g}$$

$$H = h_2 + \frac{P_1}{r} + \frac{V_2^2}{2g}$$

여기서, $H$ : 전수두 (m)

$\dfrac{P_1}{r}, \dfrac{P_2}{r}$ : 압력수두

$h_1, h_2$ : 위치수두

$\dfrac{V_1^2}{2g}, \dfrac{V_2^2}{2g}$ : 속도수두

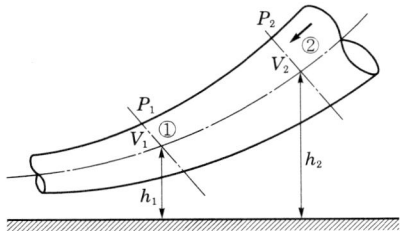

- 차압식 유량계 : 오리피스, 플로 노즐, 벤투리
- 유속식 유량계 : 피토관, 열선식 유량계
- 용적식 유량계 : 오벌 유량계, 루츠식 가스미터, 로터리 피스톤
- 면적식 유량계 : 플로트형, 피스톤형, 로터미터 이외의 와류식

① 오리피스 유량계 : 설치가 쉽고 값이 싸서 경제적이나 압력 손실이 크고 내구성이 부족하다.

㉮ 코너 탭 (conner tap) : 교축 기구 바로 직전과 직후에 차압을 취출하는 방식이며, 평균 압력을 취출하도록 되어 있다.

㉯ 베너 탭 (vana tap) : 가장 많이 사용되는 방식으로 교축기구를 중심으로 유입측은 배관내경 ($D$)만큼의 거리에서, 유출 때에는 가장 낮은 압력이 되는 위치 ($0.2$~$0.8D$)에서 취출하는 방식이다.

㉰ 플랜지 탭 (flange tap) : 이 방식은 교축기구로부터 각각 25 mm 전후의 위치에서 차압을 취출하는 방식이다.

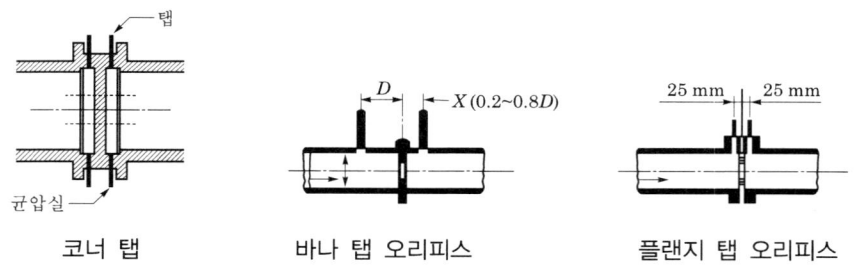

코너 탭     바나 탭 오리피스     플랜지 탭 오리피스

② 플로 노즐 유량계 : 노즐의 교축을 완만하게 하여 압력 손실을 줄인 것으로 내구성이 있다 (50~300 kg/cm$^2$ : 고압 측정).

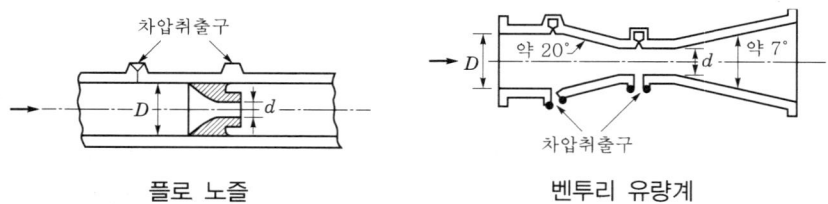

플로 노즐     벤투리 유량계

③ 벤투리 유량계 : 경사가 완만한 관에 의하여 교축되므로 압력 손실이 적고 값이 비싸다.
※ $d/D = 0.25$~$0.5$ 정도로 한다.

## 제3장 ● 유량계와 가스분석계

※ 차압식 유량계의 압력 손실 계산 (오리피스, 플로 노즐, 벤투리)

$$Q = \frac{\pi d^2}{4} \times \frac{C}{\sqrt{1-m^2}} \times \sqrt{2g\frac{r'-r}{r}} \times 3600$$

여기서, $Q$ : 유량 (m³/s)

$H$ : 마노미터 눈금값 (m)

$d$ : 오리피스 지름 (m)

$r$ : 비중 (물)

$r'$ : 비중 (수은)

$C$ : 유속계수

$m$ : 개구비 $\left(\dfrac{d_2}{D_2}\right)$

$g$ : 중력가속도 (m/s²)

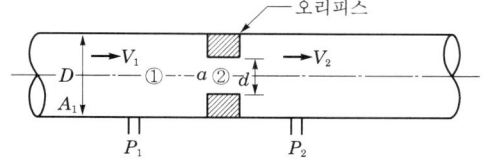

※ 압력 손실이 큰 순서 : 오리피스 > 플로 노즐 > 벤투리

④ 피토관 유량계 : 압력차로 유속을 측정하여 유량을 측정하는 방식이다.

$$Q = A \times \sqrt{2gH}$$

여기서, $Q$ : 유량 (m³/s)

$A$ : 단면적 (m²)

$g$ : 중력가속도 (m/s²)

$H$ : 수주높이 (m)

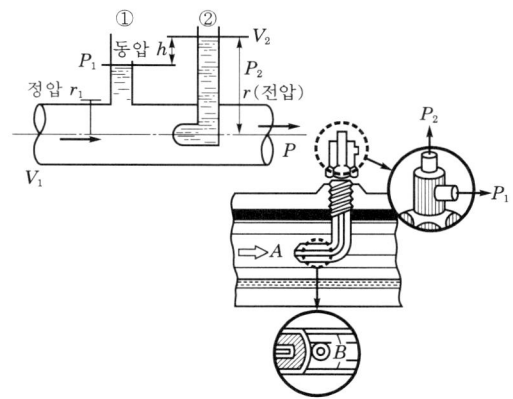

⑤ 열선식 유량계 : 관선에 전열선을 두고 유속에 의한 온도 변화로 유량을 측정하는 방식이다.

⑥ 오벌 유량계 : 액체 측정용이며, 두 개의 기어 회전자가 유체의 출입에 의해 회전한다.

⑦ 루츠 유량계 : 회전자가 접속된 상태에서 유입측과 유출측의 압력에 의해 회전한다.

⑧ 가스미터 유량계 : 드럼의 회전수가 유량을 지지한다 (가스용).

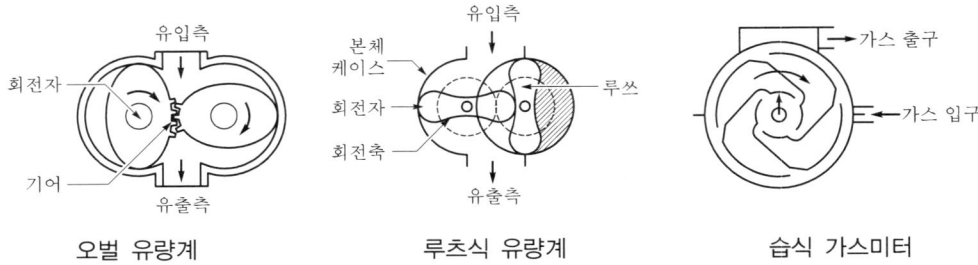

| 오벌 유량계 | 루츠식 유량계 | 습식 가스미터 |

⑨ 와류식 유량계 : 원주 배후에 생기는 소용돌이의 발생 수를 세어서 유속을 측정한다 (압력 손실이 적으면 측정범위가 넓다).

$$S.t = \frac{f \cdot d}{V}$$

여기서, $S.t$ : $R_e$가 500~10000 범위에서는 0.2
$d$ : 원주지름 (m), $f$ : 매초, $F$ : 유속 (m/s)

※ $R_e = \dfrac{Dev}{\mu} = \dfrac{dv}{v}$  여기서, $R_e$ : 레이놀즈 수, $d$ : 관안지름 (cm)
$v$ : 유속 (cm/s), $\mu$ : 유체의 점도 (g/cm · s)
$\rho$ : 유체의 밀도 (g/cm$^3$), $\nu$ : 동점성계수 = $\mu/\rho$ (cm$^2$/s)

※ $R_e$ = 층류 < 2300 < 난류

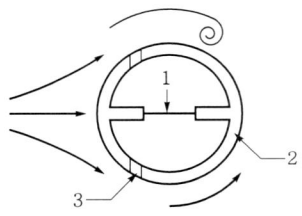

1 : 측온 저항선
2 : 보상용 저항선
3 : 도압선

**와류식 유량계**

⑩ 전자유량계 : 패러데이의 전자유도법칙을 이용한다.

## 3.2 가스분석계

종류 ─ 화학적 가스분석계 : 오르자트 분석계, 연소식 $O_2$계, 자동화학 $CO_2$계
　　　└ 물리적 가스분석계 : 열전도율법, 밀도법, 적외선흡수법, 자화율법, 가스 크로마토그래피법 등

### 가스분석계의 종류

| 구 분 | | 측정법 | 측정대상 | 선택성 | 정량범위 | 비 고 |
|---|---|---|---|---|---|---|
| 화학적 가스 분석계 | A | 자동 오르자트법 | 적당한 흡수액에 쉽게 흡수되는 기체 ($CO_2$, CO, $O_2$) | ○ | 0.5~50 % 정도 | 자동화학식 $CO_2$계, 가열 자동측정식 미연 연소가스계 (CO+$H_2$ 계), 연소식 $O_2$계 |
| | A | 연소열법 | $H_2$, CO, $C_2H_2$ 등의 가연성 기체 및 산소 | ○ | $10^{-2}$~25 % 정도 | |
| 물리적 가스 분석계 | B | 밀도법 | 어느 정도 밀도가 다른 두 성분 또는 두 성분이라 간주되는 혼합기체 (연료가스 중의 $CO_2$) | × | 1~100 % | 라너렉스계 라우탈계 |
| | B | 열전도율법 | 어느 정도 열전도율이 다른 두 성분 또는 두 성분으로 볼 수 있는 혼합기체 (연료가스 중의 $CO_2$) | × | 0.01~100 % | 전기선 $CO_2$계 |
| | B | 가스크로마 토그래피법 | 기체 및 비점 300℃ 이하의 액체 | ◎ | 몰비 0.1~100 % | 간헐 자동측정식 |
| | C | 도전율법 | 물 또는 용액에 녹아서 도전율이 달라지는 기체 | ○ | 1ppm~100 % | 저농도 가스 측정 |
| | C | 세라믹법 | $O_2$ 가스 | ○ | 0.1ppm~100 % | 지르코니아식 |
| | D | 자화율법 | 주로 $O_2$ 가스 | ◎ | 0.1~100 % | 자기식 산소계 |
| | E | 적외선 흡수법 | 단원자 분자, 대칭성 2원자 분자 ($H_2$, $O_2$, $N_2$) 이외의 가스 | ◎ | 10ppm~100 % | |

[주]　A : 화학반응을 이용한 분석법　　　B : 물성 정수 측정에 의한 분석법
　　　C : 전기적 성질을 이용한 분석법　　D : 자기적 성질을 이용한 분석법
　　　E : 광학적 성질을 이용한 분석법　　◎ : 선택성이 우수하다.
　　　○ : 선택성이 좋다.　　　　　　　　× : 선택성이 나쁘다.

① 오르자트 가스분석계

　※ 측정순서 $CO_2$ → $O_2$ → CO

　　• $CO_2$ 흡수액 : 30 % 수용액 (KOH)
　　• $O_2$ 흡수액 : 알칼리성 피로갈롤 용액

- CO 흡수액 : 암모니아성 염화제일구리 용액
② 자동화학식 $CO_2$계 : 오르자트 분석계와 같다.
③ 연소식 $O_2$계 : 가연성 가스와 산소를 촉매와 연소시켜 반응열이 $O_2$ 농도에 비례하는 것을 이용 (촉매 : 팔라듐계)
④ 열전도율형 $CO_2$계 : $CO_2$가 공기보다 열전도율이 작은 것을 이용하는 것으로, 백금선의 온도 상승으로 전기저항이 증가되므로 전압을 측정하여 $CO_2$ 농도를 알 수 있다.
⑤ 밀도식 $CO_2$계 : $CO_2$ 밀도가 공기보다 크다는 것을 이용한 것이다.

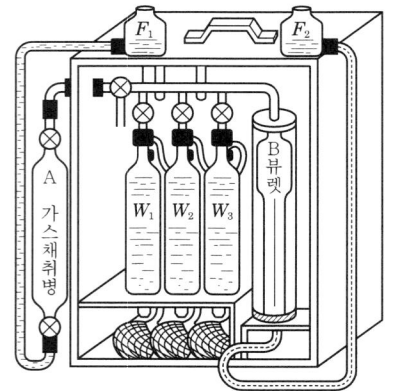

오르자트 가스분석계

⑥ 가스 크로마토그래피 분석계 : $SO_2$와 $NO_2$를 제외한 다른 성분은 분석이 가능하다. 활성탄 등의 흡착제를 채운 관을 통과하는 가스의 이동속도 차를 이용하여 분석한다.

※ 캐리어 가스 : $H_2$, $N_2$, Ar (자동분석이 가능하며 연구실용과 공업용으로 사용한다.)

⑦ 적외선 가스분석계 : $H_2$, $N_2$, $O_2$ 등과 같은 이원자 분자를 제외한 대부분의 가스는 적외선에 대해 고유한 파장을 낸다. 이 파장의 흡수 에너지만큼 압력차가 생기는 것을 전기용량으로 변화시켜 가스의 농도를 지시한다.
⑧ 자기식 $O_2$계 : 산소가 다른 가스에 비해 강자성체이므로 흡인력을 이용하여 측정한다.
⑨ 세라믹 $O_2$계 : 지르코니아 ($ZrO_2$)가 원료인 세라믹은 온도를 높이면 산소이온만 통과시킨다. 이 성질을 이용하여 파이프 내의 기전력을 측정하여 $O_2$ 농도를 지시한다.

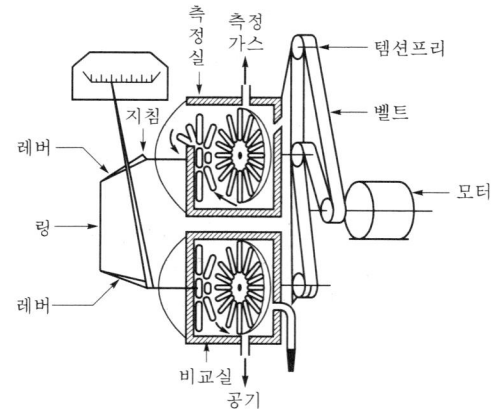

라다네스 $CO_2$계의 구조

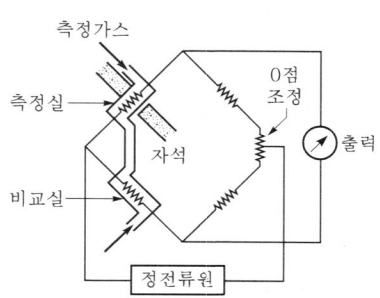

자기식 $O_2$계의 원리

# 4 자동제어와 가스미터

## 4.1 자동제어

### (1) 개 요

제어대상을 가감, 검출부로 검출된 제어량을 목표값과 비교, 잔류편차를 제거, 목표값에 일치시키는 행위

### (2) 자동제어의 이점

① 작업능률이 향상된다.
② 제품의 균질화, 품질의 향상을 기할 수 있다.
③ 작업에 따른 위험 부담이 감소한다.
④ 사람이 할 수 없는 힘든 조작도 할 수 있다.
⑤ 인건비가 절약된다.

### (3) 제어의 3요소

검출부 → 조절부 → 조작부

### (4) 제어계의 구성 (블록선도)

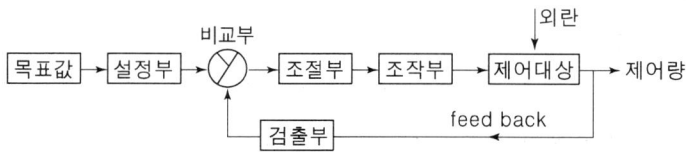

### (5) 제어방법

① 정치제어 : 목표값이 변화하지 않고 일정한 값을 갖는 제어방식
② 추치제어 : 목표값이 변화하는 제어방식
　㉮ 프로그램 제어 : 순서대로 전해진 제어방식 (미리 결정된 일정한 프로그램에 따라 수행)

㉯ 비율제어 : 비율 관계를 유지하면서 변화하는 제어방식 (목표치가 어느 다른 양과 일정한 비율로 변화하는 제어방식)

㉰ 캐스케이드 제어 : 2개의 제어계를 조합하여 1차 제어장치에서 제어량을 측정, 명령을 말하면 2차 제어계에서 이 명령을 바탕으로 제어량을 조절하여 작동을 하는 것

### (6) 기 타

① 블록선도란 제어계의 구조와 동작 특성과의 관계를 나타내는 선도
② 외란 : 제어계의 상태를 혼란하게 하는 외적 작용

### (7) 프로세스 제어 시스템

프로세스는 운전방식에 따라 연속식 프로세스와 배치식 프로세스로 구분된다.

① 연속식 프로세스 : 장기간 연료와 에너지를 공급하여 연속적으로 제품을 생산하는 것으로 석유정제, 석유화학 등이 그 예이다.

 ※ 연속식 프로세스는 피드백(feed back) 제어가 주로 사용되지만 제어정밀도의 향상을 위해 피드 포워드(feed forward) 제어를 가하는 것도 있다.

② 배치식 프로세스 : 비교적 단기간을 일주기로 하는 단위시간마다 미리 정해진 일련의 조작을 가하여 제품을 만들어내는 것으로, 다품종 소량생산에 적합하며 파인케미컬 식품공업 등에 응용된다.

 ※ 배치식 프로세스에는 시퀀스(Sequence) 제어가 많이 이용된다.

㉮ 피드백 제어 : 프로세스에 외란이 들어가 목표치와 제어량의 사이에 차이가 생기면 그 차를 판단하여 제어장치에서 조작량이 변한다. 그 결과 제어량이 변하여 목표치에 일치하도록 제어된다.

㉯ 피드 포워드 제어 : 프로세스에 외란이 들어간 경우에 그 외란이 검출 가능하며 그 영향이 제어량에 나타나기 전에 그것을 부정하는 조작을 하여 외란 제어량의 영향을 미연에 방지하는 것이다.

㉰ 시퀀스 제어 : 미리 정해진 조작순서에 따라 차례로 자동적으로 조작을 하는 것으로 마이크로프로세서를 사용하여 임의의 시퀀스를 간단하게 프로그래밍할 수 있는 것이다.

## 4.2 불연속 동작

### (1) ON-OFF 동작

조작량이 2개인 동작 제어계로 간단하다.

### (2) 다위치 동작

3개 이상의 정해진 값 중 하나를 취하는 방식이다.

### (3) 단속도 동작

일정한 속도로 정과 역 방향으로 번갈아 작동하는 방식이다.

## 4.3 연속동작

### (1) 비례동작 (P)

조작량이 편차에 비례하여 변화하는 제어동작이다 (잔류편차가 있고 부하 변화가 적은 장치에 적합하다).

### (2) 적분동작 (I)

조작량이 편차의 시간 적분에 비례하는 제어동작이다 (잔류편차 제거 조작 힘이 강함. 안전성 결여, 진동 응답속도가 느림).

### (3) 미분동작 (D)

조작량이 편차의 시간 미분값에 비례하는 제어동작이다 (단속으로 쓰이지 않고 제어계가 안정되고 시간 지연이 적다).

### (4) 비례적분동작 (PI)

잔류편차 제거는 할 수 있다. 반면 부하가 크면 출력이 증가하여 안정성이 나쁘게 되어 진동이 일어난다.

### (5) 비례미분동작 (PD)

비례동작을 신속화·안정화하기 위함.

### (6) 비례적분미분동작 (PID)

I동작으로 잔류편차를 제거하고 D동작으로 응답을 빠르게 하는 동작 (대표적인 연속 동작)이다.

[보일러의 자동제어]

① sequence control : 제어동작이 공식적으로 미리 정해진 순서에 따라 진행 (보일러 점화 및 소화시 적용)된다.

② feedback control : 보일러 자동제어의 기본으로 결과에 따라 원인을 가감 (보일러 운동 중에 적용)

③ 자동연소제어 (A.C.C)

④ 급수제어 (F.W.C) → 보일러의 수위, 급수량

⑤ 증기온도제어 (S.T.C) → 과열 증기 온도 → 전열량

## 4.4 가스미터

소비하는 가스미터의 체적 측정을 위하여 사용된다.

### (1) 실측식

① 건식
  ㉮ 막식
  ㉯ 회전자식 : 루츠식, (대용량)로터리식, 오벌식
② 습식
  기준 습식 가스미터 (0.2~3000 m³/h)

### (2) 추량식

델타, 터빈, 벤투리, 오리피스

### (3) 구비조건

① 정확하게 계량할 것
② 내구성이 클 것
③ 소형이며 용량이 클 것
④ 감도가 예민할 것
⑤ 보수, 수리가 용이할 것
⑥ 구조가 간단할 것

### (4) 계량능력

$m^3/h$로 표시. 압력 손실 (LPG : 0.30 kPa, 도시가스 : 0.15 kPa)

### (5) 검정검사

외관검사, 구조검사, 기차검사

### (6) 기 차

$$E = \frac{I-Q}{I}$$

여기서, $E$ : 기차 [%], $I$ : 미터 지시량, $Q$ : 기준기 지시량

| 유 량 | 검정공차 |
|---|---|
| 최대유량의 1/5 미만 | ±2.5 % |
| 최대유량의 1/5 이상 4/5 미만 | ±1.5 % |
| 최대유량의 4/5 이상 | ±2.5 % |

### (7) 사용공차는 ± 4 % 이내

### (8) 감도유량

가스미터가 작동될 수 있는 최소유량
가정용 막식 : 3 L/h

### (9) l/rev

계량실 1주기당 체적

### (10) MAX

○○ m³/h

### (11) 설치 높이

1.6 m 이상 2 m 이내 수평·수직으로 설치 (30 m³/h 미만에 해당)

### (12) 기밀시험 : 10 kPa

[설치기준]

① 화기와 2 m 우회거리 유지

② 저압전선 중 절연조치된 것 10 cm, 절연조치 안된 것 30 cm, 전기접속기 30 cm, 전기 계량기, 개폐기, 안전기 60 cm 이상 유지

③ 통풍이 양호한 곳, 검침이 용이한 곳

④ 일광, 눈, 비에 접촉하지 않게 수직·수평으로 설치

### (13) 가스미터 크기 선정

① 소형 (15호 미만)은 최대 사용량이 가스미터 용량의 60 %가 되도록 한다.

② 최대 통과량이 80 % 초과시 1등급 더 큰 가스미터를 사용한다.

### (14) 고장현상

① 부동 : 지침이 작동하지 않는 상태 (파손, 밸브 탈착, 시트 누설 등)

② 불통 : 가스가 미터를 통과하지 않는 현상

③ 기차 불량 : 사용공차 (±4 %)를 넘어서는 기차 불량

④ 감도 불량 : 가스미터가 측정한 감도만큼 흘려보내는데 지침이 작동하지 않는 현상

### (15) 가스미터의 종류별 특징

| 구 분 | 막식 가스미터 |
|---|---|
| 장 점 | ① 값이 싸다.<br>② 설치 후 유지관리에 시간을 요하지 않는다. |
| 단 점 | 대용량의 것은 설치면적이 크다. |
| 일반적 용도 | 일반수용가 |
| 용량범위 | 1.5~100 m³/h |

| 구 분 | 습식 가스미터 |
|---|---|
| 장 점 | ① 계량이 정확하다.<br>② 사용 중에 기차의 변동이 크지 않다. |
| 단 점 | ① 사용 중에 수위 조정 등의 관리가 필요하다.<br>② 설치면적이 크다. |
| 일반적 용도 | 기준기, 실험실용 |
| 용량범위 | $0.2 \sim 3000 \, m^3/h$ |

| 구 분 | Roots미터 |
|---|---|
| 장 점 | ① 대유량의 가스 측정에 적합하다.<br>② 중압가스의 계량이 가능하다.<br>③ 설치면적이 작다. |
| 단 점 | ① 스트레이너 설치 및 설치 후에 유지관리가 필요하다.<br>② 소유량 $(0.5 m^3/h)$의 것은 부동의 우려가 있다. |
| 일반적 용도 | 대수용가 |
| 용량범위 | $100 \sim 5000 \, m^3/h$ |

## 4.5 gas chromatography (G.C)

### (1) chromatography의 개념

복합성분의 시료가 칼럼의 고정상과의 상호 · 물리 · 화학적 작용에 의하여 고정상에 침출 · 흡착 등의 차이로 분리되는 현상을 이용하는 방법

### (2) gas chromatography

이동상이 기체이고 칼럼 충전물의 흡착성을 이용하는 것

① 장점 : 대부분의 기체 성분의 혼합물과 휘발 성분의 혼합물을 이량 성분까지도 신속하게 분리하여 정성분석을 할 수 있으며, 다른 분석법에 비하여 장치가 간편하므로 광범위하게 활용된다.

② G.C의 구조

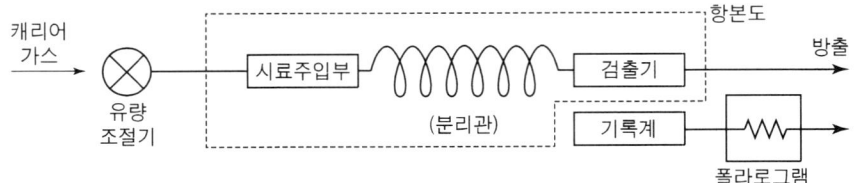

### (3) 캐리어 가스

주입된 시료를 칼럼과 검출기 등으로 이동시켜주는 운반 가스. He, Ne, Ar 등 시료나 용매에 반응하지 않는 불활성 가스로 순도가 높고, 검출기에 적합해야 하며 저가이어야 한다.

### (4) 시료 주입부

칼럼에 주입되는 시료는 신속히 주입되어야 하며, 주입부의 온도는 시료가 신속히 기화할 수 있도록 높아야 한다.

### (5) 칼 럼

관의 재질도는 구리, 스테인리스 스틸, 알루미나, 유리 등이 사용되며 분리 효율은 칼럼의 내경이 작고 길수록 좋다. 일반적으로 칼럼의 길이는 3~5피트, 50피트까지 사용이 가능하다. 칼럼 물질로는 활성탄, 활성 알루미나, 실리카 겔 등이 사용되며, 크기와 모양이 균일해야 하고, 주입부에 비해 온도는 2℃ 정도 낮은 것이 좋다.

### (6) 검출기

검출기는 칼럼을 통해 나오는 시료의 성분과 양을 감지하는 장치로 감도가 좋고, 소음이 없으며 광범위한 반응을 보여야 한다. 또한 온도나 유속의 변화에 민감하지 않은 게 좋다.
① 열전도도 검출기 (TCD) : 캐리어 가스와 시료와의 열전도도 차를 금속 필라멘트의 저항 변화로 나타내며 일반적으로 사용되는 검출기로 구조 취급 방법이 쉽고, 거의 모든 성분을 검출할 수 있으나 감도가 낮다 (100 ppm까지 감지).
② 불꽃 (수소) 이온화 검지기 : 수소와 공기로 불꽃을 만들어 시료를 태워 이온을 방출시켜 단위시간에 발생하는 이온의 수를 측정 (10 g)하는데 10 ppm까지 측정한다. 벤젠, 페놀, 탄화수소 등을 분석하며 TCD보다 복잡하고 비싸다.
③ 전자 포획 검출기 (ECD) : 방사선으로 캐리어 가스가 이온화되고, 생긴 자유전자를 시료성분이 포획함으로 인해 이온전류가 감소하는 것을 이용한다. ECD의 감응은 선택적

이며 할로겐 및 과산화물, 퀴논, 니트로지 등 전기음성도가 큰 작용기에 감응이 좋고, 탄화수소는 감도가 나쁘다. 염소 화합물인 살충제 검출과 정량에 사용된다.

### (7) 칼럼의 효율

이론단수로 경정하며 칼럼의 효율을 비교하기 위해 용질, 용매, 온도 시료의 양을 고정하여야 한다.

① 이론단수

$$N = 16 \times \left(\frac{T_e}{W_b}\right)^2$$

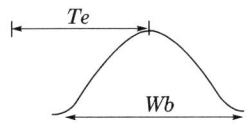

② HETP : 이론단수에 대한 상당 높이 시료가 이동상과 고정상 간에 평형에 도달하는 데 필요한 칼럼의 길이

$$이론단높이 = \frac{칼럼\ 길이}{N}$$

# 5 계측기기 핵심정리

## 5.1 온도계

- 접촉식 : 열팽창식, 압력식, 열전대, 저항식, 제게르콘, 서모컬러
- 비접촉식 : 방사온도계, 광전관식, 광고온도계, 색온도계 (고온 측정)

### (1) 열팽창식

수은온도계 (-35~360℃), 알코올 온도계 (저온용), 베크만 온도계 (정밀 측정용), 바이메탈 온도계 (열팽창계수가 다른 금속을 사용 → 온도조절용, 자동계 이용)

### (2) 압력식

구성 : 감온부, 도입부, 감압부 (원격 측정용)

### (3) 전기저항식

① 온도 상승시 전기저항이 증대되는 현상 이용 (서미스터 : 반대)
② $R = R_0(1+at)$

여기서, $R$ : $t℃$에서의 저항, $R_0$ : $0℃$에서의 저항, $a$ : 저항온도계수
③ 저항온도계수 : 서미스터 > Ni > Cu > Pt

### (4) 열전대온도계

① 온도 변화에 의한 열기전력차 이용 (제베크 효과)

| PR | -, + | 백금, 백금로듐 |
|---|---|---|
| CA | +, - | 크루멜, 알루멜 |
| IC | +, - | 철, 콘스탄탄 |
| CC | +, - | 동, 콘스탄탄 |

※ 측정온도 : PR > CA > IC > CC

※ 열기전력 : IC > CC > CA > PR

② 열전대온도계의 특징 : 고온 측정용, 전원 불필요, 원격 측정

③ 주의사항 : 단자의 극성 일치, 지시계 0점 조정, 삽입구 냉기 침입 방지
④ 보상도선 : Cu, Cu-Ni
⑤ 보호관 : 카보런덤관 (가장 고온) → 자성관 (1700℃) > 석영관 (1000℃) > 동관

### (5) 제게르콘
내열성 금속삼각추로 연화되는 모양으로 측정. 59종

### (6) 서모컬러
열 전파속도 및 열의 분포 측정

### (7) 광고온도계
화상의 위도와 비교 온도 측정

### (8) 방사온도계
스테판 – 볼츠만의 법칙

### (9) 광전관식
응답이 빠르다.

### (10) 색온도계

## 5.2 압력계

- 1차압력계 : 액주식, 기준분동식
- 2차압력계 : 부르동관, 밸로스, 다이어프램, 전기식

### (1) 경사관식
저압을 정밀하게 측정. $P_1 - P_2 = rX\sin\theta$

### (2) 부르동관식
가장 널리 사용. 눈금은 최고사용압력의 1.5배~2배

### (3) 다이어프램

부식성 액체와 먼지를 함유한 액체, 점도가 높은 액체에 적합하다.

### (4) 전기식

가장 기록이 용이하고, 원격 측정이 가능하다.

### (5) 분동식 압력계

① 1차 압력계로 2차 압력계의 교정, 보정용
② $P(\text{압력}) = \text{중량}(\text{kg}) / \text{단면적}(\text{cm}^2)$
③ 오차 = 측정치 − 진실치, 오차율 = [(측정치 − 진실치) / 진실치] × 100

## 5.3 액면계

- 직접식 : 플로트식
- 간접식 : 차압, 음향, 방사선 이용

### (1) 부자식

고온, 고압, 고압밀폐 탱크형, 지시·경보 용이

### (2) 차압식

고온, 고압, 고점도 유체, 개방탱크 겸용

### (3) 방사선식

고온, 고압, 고점도, 부식성 유체, 대유량

## 5.4 유량계

① 차압식 : 오리피스, 플로 노즐, 벤투리
② 유속식 : 피토관, 열선식
③ 용적식 : 오벌 유량계, 루츠식, 가스미터, 로터리 피스톤

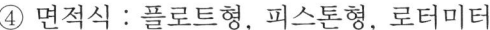

④ 면적식 : 플로트형, 피스톤형, 로터미터
⑤ 와류식
⑥ 전자식

### (1) 차압식

① 유량은 차압의 제곱근에 비례한다.
② 압력 손실 : 오리피스 > 플로 노즐 > 벤튜리
③ 오리피스 유량공식

$$Q = \frac{\pi d^2}{4} \times \frac{C}{\sqrt{1-m^2}} \times \sqrt{2g\frac{r'-r}{r} \times H \times 3600}$$

여기서, $Q$ : 유량 (m³/h), $d$ : 오리피스 지름 (m)
$C$ : 유속계수, $m$ : 개구비 ($d_2/D_2$)
$H$ : 마노미터 눈금치 (m), $r$ : 비중, $r'$ : 마노미터액의 비중

### (2) 유속식 : 피토관 유량

$$Q = A \times \sqrt{2gH}$$

### (3) 용적식

관내 일정 용적에 유체를 흘려보내서 유량 측정

### (4) 면적식

로터미터가 대표적

### (5) 전자식

패러데이 전자유도 법칙 이용

## 5.5 가스분석계

- 화학적 : 오르자트 분석계, 연소식 $O_2$계, 미연소계, 자동화학 $CO_2$계
- 물리적 : 열전도율법, 밀도법, 적외선흡수법, 자화율법, 가스 크로마토그래피법

### (1) 오르자트 가스분석계

시료가스에 흡수제를 공급, 흡수 전후의 용적 차를 산정

① 측정 순서 : $CO_2 > O_2 > CO$

② 흡수액

 ㉮ $CO_2$ 흡수액 : 30 % KOH 용액

 ㉯ $O_2$ 흡수액 : 알칼리성 피로갈롤 용액

 ㉰ CO 흡수액 : 암모니아성 염화제1동 용액

 ㉱ $N_2$ : 흡수제를 쓰지 않고 나머지 양으로 정량

### (2) 자동화학식 $CO_2$계

분석시 흡수제는 오르자트와 같다. 단, 연소적정에 의한 방법으로 선택성이 좋다.

### (3) 연소식 $O_2$계

시료가스의 가연성분을 연소시켜 발생되는 발생 열을 산정

### (4) 미연소계 ($H_2$ + CO계)

### (5) 열전도율식 $CO_2$계

$CO_2$가 공기보다 열전도율이 작다는 점을 이용

### (6) 밀도식 $CO_2$계

$CO_2$ 밀도가 공기보다 크다는 점을 이용

### (7) 가스 크로마토그래피법

흡착제 (활성탄, 실리카 겔)를 채운 칼럼에 시료가스를 통과시켜 각 성분의 이동속도의 차를 이용하여 각 성분을 분리한다 (분리능력 및 선택성이 우수. 1대의 분석기로 전 성분의 분석이 가능하며 실험 · 시험용에 적합하다. 응답이 늦고 구조가 복잡하다). → G · C의 구조

① 캐리어 가스 (운반기체) : $N_2$, He, Ne, Ar 등 비활성 가스

② 칼럼 (분리관) : 활성탄, 활성 알루미나, 실리카 겔

③ 검출기 (디텍터)

 ㉮ TCD (열전도도 검출기) : 일반적 감도 낮다.

 ㉯ FID (불꽃 또는 수소이온화 검출기) : 탄화수소 감도 좋다.

 ㉰ ECD (전자 포착 검출기) : 할로겐 등에 감도 좋고 탄화수소 감도는 나쁘다.

# PART 06

## 유체역학

❶ 유체의 정의와 단위
❷ 기본공식과 각종 법칙

# 06 유체역학

## 1 유체의 정의와 단위

### 1.1 기본개념와 정의

#### (1) 유 체

물질은 보통 존재형태로 다음과 같이 분류한다.

물질 ─ 고체(固體 : solid)
　　　└ 유체(流體 : fluid) ─ 액체(液體 : liquid)
　　　　　　　　　　　　　└ 기체(氣體 : gas)

① 고체와 유체의 분류기준
- 분자상호간의 거리 : 기체 > 액체 > 고체
- 분자의 운동(활성도) : 기체(매우 활발) > 액체(활발) > 고체(거의 정지상태)
- 분자간의 응집력(분자의 인력) : 기체(약) < 액체 < 고체(강)

② 압축성과 비압축성

정지상태에 있는 유체에 압력을 가하였을 때 밀도의 변화가 거의 없는 유체를 비압축성 유체(非壓縮性流體 : imcompressible fluid)라 하고, 밀도의 변화가 있는 유체를 압축성유체(壓縮性流體 : compressible fluid)라 한다.(유체 정역학적 관점) 유체 동역학적 관점에서는 유체가 갖는 성질로서의 압축성, 비압축성 보다는 유동상태가 어떤가에 더욱 중요성이 있다. 밀도를 상수로 취급할 수 있는 유동을 비압축성유동(非壓縮性流動 : imcompressible flow)이라 하고, 밀도를 상수로 취급할 수 없는 유동을 압축성유동((壓縮性流動 : compressible flow)이라 한다.

## 제 6 편 유체역학

> **예** 유체의 정의를 올바르게 설명한 것은?
> ① 유동하는 물질은 모두 유체라고 한다.
> ② 점성이 없고, 비압축성인 물질을 유체라고 한다.
> ③ 극히 작은 전단력이라 할지라도 물질 내부에 전단력이 생기면 정지상태로 있을 수 없는 물질을 유체라고 한다.
> ④ 용기 안에 충만될 때까지 항상 팽창하는 물질을 말한다.
>
> 답 : ③

### (2) 힘과 질량의 차원과 단위

① 차원

차원(次元 : dimensions)이란 물리적 특징을 규정하는 기본량으로 정의한다. 특히 물질의 특징을 규정하는 차원을 질량(mass : M), 변위의 특징을 규정하는 차원을 길이(length : L), 시간의 특징을 규정하는 차원을 시간(time : T)이라 하며 이들 세 독립한 양 M, L, T를 기본차원(primary dimensions)이라고 한다.

② 단위

단위(單位 : units)란 차원의 크기를 나타내는 척도이다. 기본차원에 대응하는 단위를 기본단위, 유도차원에 대응하는 단위를 유도단위라 한다. 유체역학에서는 SI단위계로 기본단위로는 질량(kg), 길이(m), 시간(s), 온도(K)를 규정하고, 유도단위로는 힘(N), 압력(Pa), 에너지(J), 동력(W), 진동수(Hz)를 사용한다.

③ 질량의 단위

뉴우톤(Newton)의 제 2법칙에서 힘(F)은 질량(m)×가속도(a)로 표현할 수 있다.

$$F = ma \qquad [1-1]$$

여기서 차원동차성의 원리에 따라 식 [1-1]의 좌변과 우변은 같은 차원, 같은 단위를 가져야 한다.

> **예** 질량의 차원을 FLT계로 표시하면?
> ① $[FL^{-2}T^2]$  ② $[FL^{-1}T^2]$  ③ $[F^2L^{-1}T^2]$  ④ $[FL^{-2}T]$
>
> 답 : ②

> **예** 10kg 질량의 물체를 중력가속도 $g = 3\text{m/s}^2$인 곳에서 용수철 저울로 달았다. 이 물체의 무게는 몇 kgf인가?
> ① 1.4    ② 3.1    ③ 30    ④ 10
>
> 답 : ②

> **예** 질량 2kg을 스프링 저울에 달았더니 19.6kgf의 무게를 가르켰다. 이 지방의 중력가속도는 얼마인가?
> ① $9.8\text{m/s}^2$    ② $96.04\text{m/s}^2$    ③ $980\text{m/s}^2$    ④ 답이 없다.
>
> 답 : ②

## (3) 밀도, 비체적, 비중량, 비중

① 밀도(密度 : density) : $\rho$

밀도란 단위체적당 차지하는 질량이다. 즉 질량(m)을 체적(V)으로 나눈 값이다.

$$\rho = \frac{m}{V}$$

밀도의 차원은 $[ML^{-3}]$이다. 따라서 밀도의 단위는 $[\text{kg/m}^3]$, $[\text{kgf} \cdot \text{s}^2/\text{m}^2]$이 된다. 물의 밀도($\rho w$)는

$$\rho w = 1000\text{kg/m}^3 = 1000\text{N} \cdot \text{s}^2/\text{m}^4 = 102\text{kgf} \cdot \text{s}^2/\text{m}^4$$

② 비체적(比體積 : specific volume) : $v$

비체적은 단위질량당 차지하는 체적으로 밀도의 역수와 같다.

$$v = \frac{V}{m} = \frac{1}{\rho}$$

비체적의 차원은 $[L^3 M^{-1}]$이고 단위는 $[\text{m}^3/\text{kg}]$, $[\text{m}^4/\text{kgf} \cdot \text{s}^2]$ 이다.

③ 비중량(比重量 : specific weight) : $\gamma$

비중량은 단위체적의 질량에 작용하는 중력이다. 즉 무게(W)를 체적(V)으로 나눈 값이다.

## 제 6 편  유체역학

$$\gamma = \frac{W}{V} = \rho g$$

비중량은 차원은 $[FL^{-3}] = [ML^{-2}T^{-2}]$이며 단위는 $[N/m^2]$, $[kgf/m^2]$ 이다.

물의 비중량($\gamma w$)은

$$\gamma w = 9800 N/m^3 = 1000 kgf/m^3$$

④ 비중(比重 : specific gravity) : S

비중이란 어떤 물질의 밀도($\rho$)와 같은 상태(온도, 압력)에서의 물의 밀도($\rho w$)와의 비(比)이다. 따라서 비중의 차원은 없다.

$$S = \frac{\rho}{\rho w} = \frac{\gamma}{\gamma w}$$

---

**예** 어떤 기름 0.5m³의 무게가 400kgf일 때, 이 기름의 밀도는 몇 kgf · s²/m⁴인가?

① 81.63　　② 980　　③ 816.3　　④ 98.3

**해설** $\dfrac{400}{0.5 \times 9.8} = 81.63$　　　　답 : ①

---

**예** 비중 0.88인 벤젠의 밀도(kgf · s²/m⁴)는 얼마인가?

① 88.0　　② 89.8　　③ 102　　④ 880

**해설** $102 \times 0.88 = 89.8$　　　　답 : ②

---

**예** 무게가 4000kgf, 체적이 8m³인 유체의 비중은?

① 0.5　　② 1　　③ 1.5　　④ 2

**해설** $\dfrac{4000}{8 \times 1000} = 0.5$　　　　답 : ①

---

**예** 다음 중에서 무차원인 것은 어느 것인가?

① 동점성계수　　② 체적탄성계수
③ 비중량　　　　④ 비중

**해설** 단위없음. 그러므로 비중이 답이다.　　　　답 : ④

## (4) 이상기체

이상기체(ideal gas)란 분자의 체적이 없고 분자상호간에 인력·척력이 작용하지 않으며 분자들이 충돌할 때 완전탄성충돌을 하는 가상적인 기체이다. 따라서 이상기체는 실제로는 존재하지 않으나 보통 분자의 크기에 비해서 분자간의 거리가 매우 큰 상태에 놓여있는 기체를 이상기체로 간주할 수 있다.(자세한 것은 공어열역학을 참조할 것)

이상기체의 상태 방정식은

$$pv = RT$$

> **예** 온도 20℃이고 압력 10kgf/cm²인 산소의 밀도는? 단, 산소의 분자량은 32이다.
> ① 1.189kgf·s²/m⁴      ② 1.314kgf·s²/m⁴
> ③ 0.1288kgf·s²/m⁴      ④ 188.68kgf·s²/m⁴
>
> 답 : ②

## (5) 체적탄성계수와 음속

① 체적탄성계수 : K

모든 유체는 외부로부터 압력을 받으면 압축되고, 이 과정에서 가해진 에너지는 탄성에너지로 유체 내부에 저장된다. 이 저장된 에너지는 압력을 제거할 때 최초의 압축전의 상태로 되돌아가게 한다. 같은 압력변화에 대해서 압축되는 정도는 유체의 종류에 따라 달라진다. 따라서 압력과 체적변화 사이의 관계를 정량적으로 표시하려면 다음과 같이 압축률(compressibility : $\beta$)을 사용한다.

여기서 (-)부호는 압력이 증가함에 따라 체적은 감소한다는 것을 표시하기 위해 붙인 것이다. 체적탄성계수(bulk modulus of elasticity)K는 압축률의 역수로 정의한다.

$$K = \frac{1}{\beta} = -\frac{dp}{dv/v} = \frac{dp}{dp/p}$$

② 음속 : $a$

유체내에서 교란에 의하여 생기는 압력파의 전파속도(음속) $a$는

$$a = \sqrt{\frac{dp}{d\rho}} = \sqrt{\frac{K}{\rho}}$$

### 제 6 편 유체역학

만일, 공기를 이상기체로 간주한다면 대기중의 음속은

$$a = \sqrt{xPT} \quad [R = 287 \text{Nm/kg} \cdot \text{K}]$$
$$a = \sqrt{xgRT} \quad [R = 29.27 \text{kgf} \cdot \text{m/kg} \cdot \text{K}]$$

---

**예** 물의 체적을 1.5% 축소시키는데 필요한 압력은 몇 kgf/cm²인가? 단, 물의 압축률의 값은 $4.75 \times 10^{-5} \text{cm}^2/\text{kgf}$이다.
① 308  ② 315.75  ③ 31.5  ④ 308.70

**해설** $\dfrac{0.015}{4.75 \times 10^{-5}} = 315.8$

답 : ②

---

**예** 체적탄성계수는?
① 압력에 따라 증가한다.  ② 온도와 무관하다.
③ 압력차원의 역수이다.  ④ 비압축성 유체보다 압축성 유체가 크다.

답 : ①

---

**예** 실린더 내의 액체가 압력 1000kgf/cm²일 때, 체적이 0.5m³이었던 것이 압력을 2000kgf/cm²로 가하였을 때, 체적이 0.495m³으로 되었다. 이 액체의 체적 탄성계수는 몇 kgf/cm²인가?
① 1000  ② 2000  ③ 100000  ④ 200000

**해설** $\dfrac{2000 - 1000}{\left(\dfrac{0.5 - 0.495}{0.5}\right)} = 10^5$

답 : ③

---

**예** 체적이 0.02893m³인 알코올이 51000kPa의 압력을 받으면 체적이 0.02770m³으로 축소한다. 이 때 체적탄성계수는?
① $1.18 \times 10^{11} \text{kgf/m}^2$  ② $1.18 \times 10^{11} \text{N/m}^2$
③ $1.2 \times 10^{9} \text{kgf/m}^2$  ④ $1.2 \times 10^{9} \text{N/m}^2$

**해설** $\dfrac{51000 \times 10^3}{\left(\dfrac{0.02893 - 0.0277}{0.02893}\right)} = 1.209 \times 10^5 \text{ Pa} = 1.209 \times 10^9 \text{ N/m}^2$

답 : ④

> **예** 표준대기압하의 영하 15°C의 추운 겨울에 대기(大氣)중에서의 음파의 전파속도는? 단, 공기의 기체상수 29.27m/K, 비열비 $k=1.4$, 음파의 전파과정은 등엔트로피 과정으로 간주한다.
> 
> ① 321.9m/s  ② 310m/s  ③ 291.7m/s  ④ 340m/s
> 
> **해설** $a = \sqrt{1.4 \times 9.8 \times 29.27 \times (273-15)} = 321.88$  답 : ①

## (6) Newton의 법칙

① 점성

유체층 사이에 상대운동이 생길 때 이 상대운동을 방해하는 유체마찰이 생기게 된다. 이러한 성질을 유체의 점성(點性 : viscosity)이라 한다.

② Newton의 점성법칙

실험에 의하면 평행한 두 평판사이에 점성유체를 채우고, 상부평판을 일정속도 $u$로 이동시킬 때 필요한 힘 $F$는 운동하는 윗 평판의 넓이 $A$와 속도 $u$에 비례하고, 두 평판 사이의 수직거리 $\Delta y$에 반비례한다는 것이 밝혀졌다. 즉,

$$F \propto A \cdot \frac{u}{\Delta y}$$

$$F = \mu A \frac{u}{\Delta y} \text{ 또는 } \tau = \frac{F}{A} = \mu \frac{u}{\Delta y}$$

여기서 비례상수 $\mu$는 유체의 점성계수(viscosity)라 하는 유체의 고유한 물성치이다. 미분형으로 표시하면 다음과 같다.

$$\tau = \mu \frac{du}{dy}$$

③ 점성계수의 차원과 단위

점성계수의 단위로서 주로 관용적으로 쓰는 포와즈(poise)나 센티포와즈(cp)는 다음과 같다.

$$1\text{poise} = 1\text{dyne} \cdot \text{s/cm}^2 = 1\text{g/cm} \cdot \text{s}$$

$$1\text{cp} = \frac{1}{100}\text{poise}$$

④ 동점성계수

점성계수를 그 유체의 밀도로 나눈 값을 동점성계수(kinematic viscosity)라 하며 v로 표기한다.

$$v = \frac{\mu}{\rho}$$

동점성계수의 차원은 $[L^2T^{-1}]$이며 단위는 $[m^2/s]$, $[cm^2/s]$이다. 특히, CGS단위계인 $1cm^2/s$를 1스톡스(stokes)라 한다.

$$1st = 1cm^2/s$$

동점성계수를 점성의 전파계수 또는 운동량 확산계수라고도 한다.

---

**다음 설명 중 실제 유체에 대한 것은?**
① 점성을 무시할 수 없다.  ② 점성을 무시할 수 있다.
③ 점성과는 관계가 없다.  ④ 이상유체라고도 한다.

답 : ①

---

**뉴우톤의 점성법칙은 다음 어느 변수의 함수인가?**
① 전단응력, 점성계수, 각변형율  ② 압력, 속도, 점성계수
③ 전단응력, 점성계수, 거리  ④ 압력, 점성계수, 각변형율

답 : ①

---

**점성계수의 차원은?**
① $[FL^2T]$  ② $[ML^{-1}T^{-1}]$  ③ $[L^2T^2]$  ④ $[L^2T^{-2}]$

답 : ③

---

**간격 4mm를 가진 평행하게 놓여진 2매의 평판 사이에 점성계수 15.14poise의 피마자 기름이 들어있다. 한쪽판을 고정시키고 다른판을 5m/s의 속도로 움직일 때 기름속에 유기되는 전단응력은 몇 $kgf/m^2$인가?**
① 30.88  ② 193.11  ③ 150.45  ④ 67.96

**해설** $1\text{poise} = \frac{1}{98} \text{kgf} \cdot s/m^2$    $\frac{15.14}{98} \times \frac{5}{4 \times 10^{-3}} = 193.11$    답 : ②

**예** 점성계수가 0.8poise이고, 밀도가 90kgf·s²/m⁴인 기름의 동점성계수는 몇 m²/sec인가?
① $88.9 \times 10^{-4}$　　② $88.9 \times 10^{-6}$
③ $90.7 \times 10^{-6}$　　④ $90.7 \times 10^{-4}$

**해설** $\dfrac{0.8 \times 1/98}{90} = 90.7 \times 10^{-6}$ 　　　답 : ③

**예** 동점성계수의 단위로 stokes를 사용하는데 다음 중 stokes는 어느 것인가?
① dyne·s/cm²　　② dyne/cm²
③ s/cm²　　④ cm²/s

답 : ④

## (7) 표면장력

$$\text{표면장력} = \frac{\text{자유표면에너지}}{\text{생성된 자유표면의 면적}}$$

$$= \frac{\text{넓히는데 필요한 힘} \times \text{거리}}{\text{길이} \times \text{거리}} = \frac{\text{넓히는데 필요한 힘}}{\text{길이}}$$

따라서 표면장력의 차원은

$[\sigma] = [FL^{-1}] = [MT^{-2}]$

$\sigma \pi d = \Delta p \cdot \dfrac{\pi d^2}{4}$

$\therefore \ \sigma = \dfrac{\Delta p \cdot d}{4}$

**예** 다음 중 액체가 고체를 적시는 것은?
① 부착력이 응집력보다 클 때　　② 고체의 면이 아주 깨끗할 때
③ 언제나 적신다.　　④ 액체의 표면장력이 클 때

답 : ①

## 제6편 유체역학

> **예** 비누풍선속의 초과압력 $p$를 표면장력 $\sigma$와 비누풍선의 지름 $d$로 표시하면?
>
> ① $p = \dfrac{4\sigma}{d}$  ② $p = \dfrac{\sigma}{4d}$  ③ $p = \dfrac{\sigma}{d}$  ④ $p = \dfrac{2\sigma}{d}$
>
> **해설** $\sigma = \dfrac{pd}{4}$  ∴ $p = \dfrac{4\sigma}{d}$    답 : ①

> **예** 직경이 50mm인 비누방울의 내부 초과 압력이 20N/m³일 때 표면장력 $\sigma$는?
>
> ① 0.25N/m  ② 0.45N/m  ③ 0.65N/m  ④ 0.85N/m
>
> **해설** $\dfrac{20 \times 50 \times 10^{-2}}{4} = 0.25 \text{N/m}$    답 : ①

> **예** 지름 4cm의 비누풍선속의 내부 초과압력이 $2 \times 10^{-5}$kgf/cm²일 때 이 비누막의 표면장력은 몇 kgf/cm인가?
>
> ① $5 \times 10^{-5}$  ② $2 \times 10^{-5}$  ③ $3 \times 10^{-5}$  ④ $4 \times 10^{-5}$
>
> **해설** $\dfrac{20 \times 10^{-5} \times 4}{4} = 2 \times 10^{-5}$    답 : ②

### (8) 모세관 현상

$$\sigma \pi d \cos\beta = \gamma h \frac{\pi d^2}{4}$$

$$\therefore h = \frac{4\sigma\cos\beta}{\gamma d}$$

여기서 $\beta$는 접촉각이다.

> **예** 가는 유리관을 액체속에 세웠을 때 관이 올라가거나 또는 내려가는 액면의 높이에 영향을 주는 것은?
>
> ① 관의 길이  ② 관의 지름  ③ 대기의 압력  ④ 액체의 분자량
>
> **해설** $h$는 $\sigma$에 비례하고 $r$와 $d$에 반비례한다.    답 : ②

> **예** 지름의 비가 1 : 2 : 3이 되는 3개의 모세관을 물속에 수직으로 세웠을 때, 모세관 현상으로 물이 관속으로 올라가는 높이의 비는?
> ① 3 : 2 : 1  ② $3^2 : 2^2 : 12$  ③ 1 : 2 : 3  ④ 6 : 3 : 2
>
> **해설** $\left(\dfrac{1}{1} : \dfrac{1}{2} : \dfrac{1}{3}\right) = 6 : 3 : 2$  답 : ④

## 2 기본 공식 및 각종 법칙

### (1) 열량, 일

- $1\,J = 1N \cdot m = 0.24\,cal$
- $1\,erg = 1\,dyne \cdot cm$
- $\therefore 1\,cal = 4184\,J$
- $1\,kcal = 4184 \times 10^7 = 1\,cal = 4184 \times 10^7 erg$

### (2) 마하 수

$$Ma = \frac{V}{C}$$

여기서, $V$ : 물체의 속도, $C$ : 음속,
$Ma$ : 마하 수

※ $Ma < 1$일 때 아음속 흐름, $Ma > 1$일 때 초음속 흐름

### (3) 비중병

$$rt = \frac{W_2 - W_1}{V}$$

여기서, $W_1$ : 비중병 무게, $W_2$ : 액을 채웠을 때의 무게
$V$ : 액의 체적, $rt$ : 비중량

$$V = \sqrt{2gH}$$

여기서, $V$ : 유속 (m/s), $g$ : 중력가속도 (m/sm$^2$), $H$ : 수두 (m)

## (4) 손실수두

$$H_m = \lambda \times \frac{L\,(길이)}{D\,(지름)} \times \frac{V^2\,(속도)}{2g\,(중력가속도)}$$

## (5) 공 률

$$P = rQH\,(\text{kgm/s})$$

여기서, $H$ : 수두 (m), $r$ : 비중량 (kg/m$^3$), $Q$ : 유량 (m$^3$/s)

$$P = \frac{r\theta H}{75}[HP \cdot PS] = \frac{r\theta H}{102}[\text{kW}]$$

## (6) 프로펠러

① 추력 $F = \rho Q(V_4 - V_1)$

여기서, $V_1$ : 분출속도, $V_1$ : 유입속도

② 평균속도 $V = \dfrac{V_4 + V_1}{2}$

③ 유량 $Q = A \cdot V$ (평균속도)

④ 동력 $P = FV_1$

## (7) 분류에 의한 추진

① $V = \sqrt{2gH}$

② $F = \rho QV = \rho AV^2$

## (8) 로켓 추신

$$F = \rho QV$$

## (9) 돌연확대관의 손실

$$h = \frac{(V_1 - V_2)^2}{2g}$$

## (10) 돌연축소관의 손실

$$h = \frac{(V_0 - V_2)^2}{2g}$$

## (11) 레이놀즈 수

$$Re = \frac{D\rho V}{\mu} = \frac{DV}{\nu} \text{ (원관에서)}$$

- 층류 : $Re < 2100$
- 천이구역 : $2100 < Re < 4000$
- 난류 : $Re > 4000$

## (12) 아음속과 초음속

① 아음속 $Ma < 1$

② 초음속 $Ma > 1$

※ 저속흐름을 초음속으로 하려면 축소 → 확대

※ $V$(속도) $= M$(마하수), $P \cdot T \cdot \rho =$ 동반작용

## (13) 파스칼의 수압기원리

$$\frac{F_1}{A_1} = \frac{F_2}{A_2}$$

## (14) 연속방정식

① 질량유량 (kg)

$$m = \rho_1 A_1 V_1 = \rho_2 A_2 V_2$$

② 중량유량 (kgf)

$$G = r_1 A_1 V_1 = r_2 V_2 A_2$$

③ 체적유량 (m³)

$$Q = A_1 V_1 = A_2 V_2$$

## (15) ① 음속 $C = \sqrt{\dfrac{E}{\rho}}$ (여기서, $E$ : 체적탄성계수, $\rho$ : kgf·s²/m⁴)

② 기체인 경우 $= \sqrt{kRT}$ (여기서, $k$ : 비열비)

## (16) 관 상당길이

$$L_e = L + L_e/d$$

여기서, $L_e$ : 관 상당길이, $L$ : 실제의 직관길이

$L_e/d$ : 이음계수 압력 손실에 해당하는 상당길이

## (17) 성능계수

① 냉동기 $\dfrac{T_2}{T_1 - T_2}$

② 열펌프 $\dfrac{T_1}{T_1 - T_2}$

③ 열효율 $\dfrac{T_2}{T_1 - T_2}$ (여기서, $T_1$ : 고열원, $T_2$ : 저열원)

## (18) 액주계

$$P_A + r_1 h_1 = r_2 h_2 + P$$

- 정지유체 속에 작용하는 힘 : $F = PA = rhA$
- 경사평면에 작용하는 힘 : $f = ry\sin\theta = rhA$

## (19) 베르누이 방정식

$$\dfrac{P}{r} + Z + \dfrac{V^2}{2g} = H : 일정$$

- 정상유동, 비압축성, 마찰없음(비점성유동), 유선을 따라 흐름
- 수력기울기선 (hydraulic gradient line)

$$H.G.L. = \dfrac{P}{r} + Z$$

- 수력기울기선 속도수두 만큼의 차

$$\dfrac{P_1}{r} + Z_1 + \dfrac{V_2}{2g} = \dfrac{P_2}{r} + Z_2 + \dfrac{V_2}{2g} + h_1 \quad (여기서, h_1 : 손실수두)$$

## (20) 충격파

초음속에서 아음속으로 흐를 때 압력, 밀도, 온도가 증가

※ 압력, 엔트로피는 증가하고 마하수는 감소

① 임계압력 $P° = P° \times \left(\dfrac{2}{(1+K)}\right)^{\frac{k}{k-1}}$

② 임계온도 $T° = T° \times \left(\dfrac{2}{(K+1)}\right)$

③ 임계밀도 $\rho° = \rho° \times \left(\dfrac{2}{(K+1)}\right)^{\frac{1}{k-1}}$

## (21) 압축성 유동

유체의 속도 ($V$)를 음속 ($a$)에 대하여 분류하면

① 아음속유동  $V < a$

② 음속유동  $V = a$

③ 초음속유동  $V > a$

## (22) 개수로유동

개수로의 유동속도를 기본파의 진행속도에 대하여 분류하면

① 아음속유동  $V <$ 기본표면파

② 임계유동  $V =$ 기본표면파

③ 초임계유동  $V >$ 기본표면파

## (23) 위어 개수로 유량 측정

① 전폭위어  $Q = kbH^{\frac{2}{3}}$  대유량

② 4각위어  $Q = kbH^{\frac{2}{3}}$

③ 3각위어  $Q = kbH^{\frac{2}{3}}$  소유량

여기서, $H$ : 수두, $b$ : 쪽, $k$ : 상수, 3각위어 : $V$ 노치위어

## (24) 유선 · 유적선 · 유맥선

① 유선 : 유체의 접선방향과 입자의 속도방향이 그려진 연속적인 선

② 유적선 : 한 유체의 입자가 일정기간 내에 움직인 경로

③ 유맥선 : 공간 내의 한 점을 지나는 모든 입자들의 순간경로

※ 정상류 : 유선 = 유적선 = 유맥선

## (25) 수평원관에서의 층류운동

유량  $Q = \dfrac{\triangle P \pi D^4}{128 \mu L}$

## (26) 항력과 양력

① 항력 : 유동하는 유체 속에 유동속도와 평형방향으로 물체에 작용하는 힘
　㉮ 마찰항력 : 유체의 점성 때문에 물체 표면에 작용하는 힘
　㉯ 압력항력 : 물체 전후의 압력차에 의해 물체가 유동방향으로 받는 항력)
② 양력 : 유동속도와 직각방향으로 받는 힘

## (27) 정상유동과 비정상유동

① 정상유동 : 흐름 특성이 시간에 대하여 일정한 흐름

$$\frac{q}{t}=0, \quad \frac{p}{t}=0, \quad \frac{T}{t}=0$$

② 비정상유동 : 흐름 특성이 시간에 대하여 일정하지 않은 흐름

$$\frac{q}{t}\neq 0, \quad \frac{p}{t}\neq 0, \quad \frac{T}{t}\neq 0$$

## (28) 균속도유동과 비균속도유동

① 균속도유동 : 공간상에서 유체의 속도가 일정한 흐름

$$\frac{V}{S}=0, \quad \frac{V}{T}=0$$

② 비균속도유동 : 공간상에서 유체의 속도가 일정하지 않은 흐름

$$\frac{V}{S}\neq 0$$

## (29) 부 력

정지유체 속에 잠겨 떠있는 물체의 체적 무게는 이로 인해 배제된 무게와 같다 (부심 : 배제된 부분의 무게 중심).

$G = rV + W$

　여기서, $G$ : 공기의 무게, $W$ : 유체 중의 무게, $rV$ : 부피 ($r$ : 비중량, $V$ : 비체적)

## (30) 최대속도

① 원관 : $\dfrac{V_{\max}}{V}=2$

② 평행평판 : $\dfrac{V_{\max}}{V} = 1.5$ (여기서, 평균속도, $V_{\max}$ : 최대속도)

※ 초음속일 때 $\dfrac{a}{V} = \sin\theta$ (여기서, $V$ : 물체의 속도, $a$ : 음속, $\sin\theta$ : 마하각)

## (31) 무차원 수

| 명 칭 | 정 의 | 물리적 의미 |
|---|---|---|
| 레이놀즈수 (Reynolds number) | $R_e = \dfrac{\rho VL}{\mu}$ | $\dfrac{관성력}{점성력}$ |
| 프루드수 (Froud number) | $Fr = \dfrac{V^2}{gL}$ | $\dfrac{관성력}{중력}$ |
| 마하수 (Mach number) | $M = \dfrac{V}{a}$ | $\dfrac{속도}{음파속도}$ |
| 오일러수 (Euler number) | $Eu = \dfrac{\rho V^2}{p}$ | $\dfrac{관성력}{압력}$ |
| 웨버수 (Weber number) | $We = \dfrac{\rho V^2 L}{\sigma}$ | $\dfrac{관성력}{표면장력}$ |
| 코우시수 (Cauchy number) | $Ca = \dfrac{\rho V^2}{K}$ | $\dfrac{관성력}{탄성력}$ |
| 압력계수 (Pressure coefficient) | $P = \dfrac{\Delta P}{\rho V^2 / 2}$ | $\dfrac{압력}{동압}$ |
| 비열비 (Specific heat ratio) | $r = \dfrac{C_\rho}{C_v}$ | $\dfrac{엔탈피}{내부에너지}$ |

※ 여기서, $V$ : 속도, $a$ : 음속, $L$ : 길이, $\sigma$ : 표면장력, $\mu$ : 점성계수, $P$ : 압력, $K$ : 체적탄성계수, $\rho$ : 밀도, $g$ : 중력가속도

### 무료 동영상과 함께하는 기초 가스

| | |
|---|---|
| 초판 인쇄 | 2012년 3월 5일 |
| 초판 발행 | 2012년 3월 10일 |
| 개정2판 발행 | 2016년 4월 15일 |

지은이 ▪ 가스연구회
펴낸이 ▪ 홍세진
펴낸곳 ▪ 세진북스

| 우수회원인증 | |
|---|---|
| 닉네임 | |
| 신청일 | |

필히 (**파랑, 빨강**)볼펜 사용. **화이트** 사용 금지

주소 ▪ (우)400-800 경기도 고양시 일산서구 산율길 56(구산동 145-1)
전화 ▪ 031-924-3092
팩스 ▪ 031-924-3093
홈페이지 ▪ http://www.sejinbooks.kr

출판등록 ▪ 제 315-2008-042호(2008.12.9)
ISBN ▪ 979-11-5745-154-8  13550

값 ▪ **18,000원**

- 이 책의 출판권은 도서출판 세진북스가 가지고 있습니다.
- 이 책의 일부 또는 전체에 대한 무단 복제와 전재를 금합니다.

 세진북스에는 당신과 나 그리고 우리의 미래가 있습니다.